UDO GANSLOßER UND PETRA KRIVY

Schlau macht — Wau!

WAS HUNDE ALLES WISSEN UND KÖNNEN

KOSMOS

☞ *Inhalt*

DAS LEBEN IST VOLLER PROBLEME …

— cogito ergo sum („Ich denke, also bin ich")

Kognition – was für ein seltsames Wort. Es stammt aus dem antiken Griechisch-Lateinisch (wie romantisch!) und bedeutet „Denken" oder genauer „Erkennen". Viele Denker haben gedacht, dass nur der Mensch denken kann. Für lange Zeit waren sie der Meinung, Tiere wären eher wie Automaten, sie würden unbewusst auf gewisse Reize oder Ereignisse reagieren. Ja, das ist schon lange her, und nur die ältesten Verhaltensbiologen haben vielleicht noch Erinnerungen an jene alten Zeiten, als man das Wort „Kognition" nicht im Zusammenhang mit Tieren erwähnen durfte.

WAS HAT SICH GEÄNDERT?

Die heutigen Hunde sind von ihrer Art dieselben wie vor 50 oder 1000 Jahren. Aber die darwinsche Revolution in der Biologie hat hier sicher eine wichtige Rolle gespielt. Die Lehre der Evolution, die nicht nur die Geschichte des irdischen Lebens ist, sondern auch deutlich macht, dass alle Geschöpfe etwas gemeinsam haben, gab eine wichtige Inspiration. Wir sollten ruhig zugeben – und viele Leute haben auch schon immer so gedacht –, dass Tiere und Menschen einen gleichen Ursprung haben, auch wenn Beweise dafür fehlen. Heute sind wir ohne Zweifel der Meinung, dass wir Menschen mit Tieren vieles gemeinsam haben, sowohl im Bereich der Physis und deren Funktionalität als auch der Psyche, dem Wirken psychischer Vorgänge und dem Denken. Nicht nur der Mensch denkt oder der Delfin, eine Ameise oder eine Schildkröte, sondern jeder denkt, der für solche Vorgänge ein „Gehirn" hat.

MODERNE KOGNITIONSFORSCHUNG

Die große Frage der modernen Kognitionsforschung ist die, welche Gedanken sich die Tiere machen und wovon es abhängt, wie sie über die Welt denken. Oder mit anderen Worten, wie sie die Welt in ihrem Geist repräsentieren. Leider kann man die Gedanken nicht sehen oder beobachten. So bleibt den Wissenschaftlern nur die Möglichkeit, die Tiere in verschiedene Situationen zu bringen, in denen das Verhalten, die Reaktion oder die Wahl von unterschiedlichen Lösungsstrategien indirekt auf gewisse Erkennungsprozesse hinweist.

Dieses Buch ist eine sehr umfangreiche Sammlung von solchen wissenschaftlichen Untersuchungen, die entwickelt wurden, um gewisse Denkprozesse nachzuweisen. Als Wissenschaftler interessieren wir uns für die Kognition des Hundes, aber was wir eigentlich beobachten können, ist das Problemlösungsverhalten von Hunden. Durch die hier beschriebenen Aufbauten bekommt der begeisterte Hundebesitzer selber die Möglichkeit auszuprobieren, wie man anhand einfacher Verhaltensweisen etwas über das Denken der Hunde herausfinden kann. Die Ethologen beobachten natürlich nicht nur einen Hund oder zwei, sondern viel mehr, manchmal sogar über 100, um das eher „hündische" Denken nachweisen zu können. Und es gibt auch viele individuelle Unterschiede, genauso wie bei uns Menschen! Also sollte man nicht verzweifeln, sondern es locker sehen, wenn der eigene Hund etwas doch eher komisch macht oder die gewisse Aufgabe nicht lösen kann.

ÜBUNG MACHT DEN MEISTER!

Altes und wahres Sprichwort. Diese Tests sind nur Beispiele. Man könnte sie ja auch wieder und wieder mit dem Hund durchführen, um zu sehen, wie er sich entwickelt. Aber der leidenschaftliche Besitzer kann sich auch leicht neue Varianten ausdenken und die gewisse Aufgabe einfacher (z. B. für Welpen) oder schwerer machen. Denn in Wirklichkeit geht es hier nicht um Forschung, sondern eher um Spaß und Vergnügen.
Oft habe ich den Eindruck, dass viele Familienhunde zwar artig an der Leine spazieren gehen, sich auf Signal hinlegen und sich generell „sehr nett" verhalten, aber leider überhaupt kein oder sehr wenig Interesse zeigen, eigenständig Probleme zu lösen. Sie zeigen wenig Motivation, keine Neugier und auch keine Ausdauer. Das ist sehr schade. Ich kann mir leicht vorstellen, dass es sehr bequem sein dürfte, mit solchen Hunden zu leben! Aber von meinem Standpunkt aus, entspricht diese Situation nicht einer artgerechten Haltung. Man könnte viele Gründe nennen, warum ein Hund keinen Spaß an solchen Aufgaben findet. Doch erhält er schon als Welpe regelmäßig die Möglichkeit, solche oder andere Aufgaben zu lösen, und „fühlt" er auch Erfolg, dann können wir wirklich sicher sein, dass wir mit einem mental gesunden Kumpan unser Leben teilen. Das ist aber unsere Entscheidung und unsere Verantwortung!
Wir sollten also den Autoren Petra und Udo dankbar sein, dass sie so eine abwechslungsreiche Sammlung von Aufbauten, Aufgaben und Problemlösungstests, die man leicht zu Hause und mit nur wenigen Hilfsmitteln durchführen kann, zusammengestellt haben. Ich wünsche Ihnen und Ihren Hunden viel Spaß und Vergnügen!

Ádám Miklósi

Prof. Dr. Ádám Miklósi, Eötvös Loránd Universität, Budapest, Ungarn

VERHALTENSBIOLOGIE

— *Bedeutung für Studien und Hundehaltung*

GESCHICHTLICHE ENTWICKLUNG

Die Entwicklung der Verhaltenswissenschaften in den vergangenen Jahrzehnten hat teilweise ein radikales Umdenken in der Betrachtung tierlichen Verhaltens hervorgebracht. Um diese Entwicklung zu verstehen, muss ein kurzer Blick auf die wichtigsten Strömungen und Tendenzen der letzten ca. 120 Jahre in den Verhaltenswissenschaften vorangeschickt werden.

UNTERSCHIEDLICHE ANSÄTZE

Am Ende des 19. und beginnenden 20. Jahrhunderts war die Beschreibung von Verhaltenseigenschaften der Tiere weitgehend noch in einem subjektiven Stadium. Es war absolut üblich, Tieren auch menschliche Eigenschaften wie Stolz, Ehrgeiz oder Überheblichkeit zuzuschreiben. Man betrachte hierfür nur die früheren Ausgaben des ansonsten sehr guten Naturkundelehrbuchs von Alfred Brehm.

NATURWISSENSCHAFTLICHER ANSATZ

Als Gegenbewegung zu diesen durchaus auch von wissenschaftlicher Seite geübten Einstufungen entwickelte sich vor allem in der nordamerikanischen Psychologie eine Richtung strenger, nach rein naturwissenschaftlichen Gesetzmäßigkeiten suchender Forschung. Ausgangspunkt war zunächst der sogenannte Morgan'sche Satz (Morgans Kanon), der nichts anderes als die Übertragung des in den Naturwissenschaften allgemein üblichen Sparsamkeitsprinzips war. Conwy Lloyd Morgan (* 6. Februar 1852 in London; 6. März 1936 in Hastings) war ein britischer Zoologe und Psychologe, der als Begründer der experimentellen Tierpsychologie und Ethologie angesehen wird. Er forderte, dass man Verhaltensäußerungen von Lebewesen immer auf der einfachsten dafür vorstellbaren Erklärungsebene betrachten müsste. Nicht belegbare Hilfshypothesen, und dazu gehörten z. B. Emotionen oder auch höhere geistige Leistungen, sollten aus diesen Erklärungen vollkommen verschwinden. Als Beispiel dazu führte er seinen Hund an, der eine Gartentür öffnen konnte. Tat er dies, weil er den Mechanismus verstand und wusste, dass die geöffnete Tür den Weg nach draußen freigab, was einer hohen geistigen Leistung entsprach? Oder hatte er einfach über try & error, also mittels Austesten diese Möglichkeit gefunden, was eine niedrigere Denkleistung bedeutete? Allerdings hat auch Morgan selbst bereits in einer zweiten Veröffentlichung zugegeben, dass man durchaus höhere geistige Leistungen bei Tieren annehmen könnte, wenn sie in anderen unabhängigen Studien bereits belegt wären. Ganz so rigoros, wie seine Nachfolger dies taten, war Morgan also nicht. Trotzdem entwickelte sich aus dieser allgemein wissenschaftstheoretischen Anforderung vor allem die Wissenschaftsdisziplin des Behaviorismus, der vor allem durch die Vordenker wie Watson, Skinner und in der europäischen Physiologie auch Pavlov charakterisiert wird. Wir werden im Folgekapitel einige zentrale Annahmen des Behaviorismus noch genauer kennenlernen.

Morgans Hund konnte das Gartentor öffnen. Wusste er um das Prinzip des Mechanismus, oder hatte er durch Ausprobieren zufällig den Weg ins Freie entdeckt?

KLASSISCHE ETHOLOGIE

In der kontinental-europäischen Denkrichtung dagegen entstand die als klassische Ethologie bezeichnete, mehr vergleichend zoologisch orientierte Verhaltensforschung. Ausgehend von den Arbeiten von Oskar Heinroth, der z. B. in einer Vergleichsstudie über die Entwicklung handaufgezogener Jungvögel den Begriff der Prägung erstmals definierte, konnte dann Konrad Lorenz und in seiner Folge eine große Schule von Ethologen sich mit den naturgeschichtlichen und evolutionsbiologischen Aspekten tierlichen Verhaltens beschäftigen. Hier wurde im Gegensatz zum Behaviorismus durchaus auch die Existenz von inneren Antrieben, genetisch oder anderweitig vorgegebenen Reaktionsmustern und auch die Existenz von höheren Lernfähigkeiten, z. B. durch Überlegung und Nachdenken vor dem Handeln, als gegeben betrachtet. Zumindest galt dies für die evolutionsbiologisch höher stehenden Arten, wie es z. B. Säugetiere und Vögel darstellen. Diese sind nun mal keine Maschinen.

ERSTAUNLICHE FÄHIGKEITEN

Rabenvögel gehören zu den klügsten Vögeln der Welt. Einer Studie aus dem Jahre 2017 zufolge (https://science.sciencemag.org/content/357/6347/202, aufgerufen im Februar 2019) planen sie sogar im Voraus. Die Vögel wurden dahingehend trainiert, dass sie den Gebrauch eines speziellen Werkzeugs erlernten, um mit diesem dann an Futter zu kommen. Dann wurde ihnen am Tag darauf wieder die Aufgabe und eine Auswahl an verschiedenen Gegenständen, unter denen sich auch das Werkzeug des Vortages befand, präsentiert. Gezielt griffen sie das bewährte Werkzeug und befreiten sich damit das Futter! Affen können solche Aufgaben nicht lösen.

In der Annahme, dass die Verhaltensweisen von Tieren auch durch innere Zustände, Handlungsbereitschaften, genetisch vorgeformte oder zumindest angeborene Auslösemechanismen und ähnliche komplexere Zusammenhänge mit beeinflusst werden, unterscheidet sich die klassische Ethologie der kontinental-europäischen Denkrichtung also stark von der des Behaviorismus. Ähnlichkeiten sind jedoch in beiden Fällen, dass auf die strikte und nachvollziehbare Begrifflichkeit geachtet wird. Und dass in den ethologischen Arbeiten ebenso wie bei den Behavioristen Phänomene beschrieben oder gar gemessen und gezählt werden, die eindeutig definierbar sind. Auch hier wurde also mit Häufigkeiten, Zeitdauern, Verhaltenssequenzen (auf A folgt B, und zwar häufiger als zufällig erwartet) und anderen erkennbaren Verhaltensäußerungen gearbeitet. Innere Zustände wurden zwar angenommen, aber nur dann, wenn sie z. B. durch Attrappenversuche oder ähnliche Manipulationen auch überprüfbar waren. Emotionen oder gar Aspekte von Selbstbewusstsein und andere noch höhere geistige Leistungen wurden nicht untersucht. Vorwiegend deshalb nicht, weil man glaubte, sie auch nicht der naturwissenschaftlichen Analyse und Registrierung zugänglich machen zu können.

VERHALTENSFORSCHUNG IN GROSSBRITANNIEN

Ebenfalls in den 1930er- bis -50er-Jahren entstand die britische Variante der zoologischen Verhaltensforschung, die von Nikolaas Tinbergen gegründet wurde. Dort war, der Tradition der englischen Naturalisten und z. B. Vogelbeobachter entspringend, ein ökologischer, also umweltbezogener und daraus resultierend ein auf Experimente und Versuche ausgerichteter evolutionsbiologischer Ansatz gepflegt worden. Während Konrad Lorenz und die Seinen Evolutionsprozesse mehr nach Plausibilitätsgründen betrachteten, das heißt, dass man annahm, bestimmte Prozesse müssten doch eigentlich im Evolutionsprozess logischerweise Vorteile für das betreffende Tier bringen, hat Tinbergen mit seiner Schule den rigorosen Verhaltenstest etabliert. Nur solche Prozesse wurden weiter analysiert, die sich durch solche Tests auch

nachweisen ließen. Ein bekanntes Beispiel des Zusammenwirkens beider Denkansätze ist die gemeinsame Arbeit von Lorenz und Tinbergen über die Eirollbewegung brütender Graugänse, bei der z. B. durch unterschiedlich große Eier oder durch das plötzliche Wegnehmen des Eies während des Einrollens in das Nest die experimentellen Überprüfungen der vorher aufgestellten Annahmen und Erwartungen möglich waren.
Eine brütende Graugans wird jedes Ei, das vor ihr liegt, mit dem Schnabel zurückrollen. Damit das Ei nicht seitlich ausbüchst, wird es ständig durch kleine Korrekturbewegungen des Schnabels in der Spur gehalten. Unterschiedlich große Eier haben unterschiedlich großen Auslösewert: je größer, desto besser. Nimmt man das Ei weg, während die Gans schon am Rollen ist, führt sie die Handlung trotzdem zu Ende, jetzt aber ohne die Seitenkorrekturen.

FREILANDSTUDIEN

In den 1960er- bis -70er-Jahren entstand dann wiederum vorwiegend aus Nordamerika kommend eine Erweiterung der bisherigen zoologischen Verhaltensbiologie. Insbesondere die in zunehmendem Maße veröffentlichten Freilandstudien an Affen und Menschenaffen, später auch an anderen sozial höher entwickelten Säugetierarten, ließen vermuten, dass im Verhalten und in der Verhaltenssteuerung dieser Tiere doch noch mehr zu finden sei als nur die einfachen Häufigkeiten, Zeitdauern und Latenzzeiten von Verhaltensweisen.
Nicht nur Beobachtungen zum Jagdverhalten von Schimpansen oder zum Werkzeuggebrauch ließen immer wieder die Vermutung aufkommen, dass auch andere Tiere, außer dem Menschen, zu vorausschauendem Handeln und zu inneren Repräsentationen und inneren Vorstellungen von der Welt da draußen in der Lage sein müssten.

Wer kennt sie nicht, die Versuche mit Gänsen von Konrad Lorenz!

UNTERSUCHUNGEN IM MRI

Methodische Fortschritte wurden ebenfalls immer mehr zur Verbesserung und Präzisierung der verhaltensbiologischen Fragestellungen und Arbeitsweisen herangezogen. Die modernste Form der methodischen Untersuchungen, die gerade bei Hunden auch immer wieder zur Anwendung kommen, sind die Untersuchungen wacher und völlig ohne Zwang trainierter Hunde in der Magnetresonanzröhre, dem funktionellen MRI. Untersuchungen solcher Vorgehensweisen zeigen z. B., welche Gehirnregionen anfangen zu arbeiten, wenn ein Hund die Stimme seines vertrauten Lieblingsmenschen hört, und welche eben nicht oder kaum arbeiten, wenn dies ein anderer, ebenso vertrauter Angehöriger derselben Familie ist. Oder sie zeigen, dass die meisten Hunde im Gehirn stärker reagieren, wenn sie aufgrund einer antrainierten Handbewegung (als Signalgeber!) auf eine jetzt nachfolgende Streicheleinheit hingewiesen werden als im Vergleich auf ein Handsignal, welches ein Leckerchen verspricht.

Die Magnetresonanzuntersuchungen erbringen ...

IM FOKUS DER FORSCHUNG

Seit Anfang der 1990er-Jahre sind Hunde zunehmend in den Fokus wissenschaftlicher Untersuchungen zurückgekehrt. Man könnte etwas übertrieben sagen, dass zwei Hunde dafür hauptsächlich verantwortlich waren: Der frühere Budapester Verhaltensprofessor Vilmos Csanyi hatte einen Hund, dessen ständige Pfiffigkeiten ihn so begeisterten, dass er eines Tages aus seinem ganzen Institut die dort vorher üblichen Fisch- und Vogelstudien verbannte und fortan das ganze Institut auf Hundeforschung trimmte. Einer seiner damals jungen Mitarbeiter war ein gewisser Ádám Miklósi, der heute als Professor das Institut leitet. Wahrscheinlich hat er weltweit die größte und erfolgreichste Hundeforschungseinrichtung unter sich, obwohl er selber (bislang!) kein Hundebesitzer ist. Auf der anderen Seite des Atlantiks war ein junger Anthropologe, Dr. Brian Hare, ständig in seinem Institut den Erzählungen seiner an Affen und Menschenaffen forschenden Kollegenschaft ausgesetzt. Eines Tages beschloss er, mit seinem Hund zu Hause in der Freizeit einige der dort üblichen Intelligenztests nachzumachen. Und siehe da, der Hund von Brian Hare war in vielen Denksportaufgaben den Menschenaffen ebenbürtig oder sogar überlegen (siehe Zeigegesten, S. 58 ff.).

… bemerkenswerte Fakten! Die Hunde werden sanft und spielerisch an die Röhre herangeführt und optimal trainiert.

Etwas übertrieben gesagt kann man also annehmen, dass diese beiden Hunde es waren, die den Haushund in den Fokus der modernen Verhaltensbiologie zurückgerückt haben. Im mehr theoretischen konzeptionellen Bereich sei der amerikanische Canidenforscher Marc Bekoff (University of Colorado) ebenso erwähnt, der die Existenz von Emotionen bei nicht menschlichen Tieren seit Langem vehement befürwortet.

Und Sie, liebe Leserin, lieber Leser, dürfen Ihrer eigenen Neugierde in Bezug auf die kognitiven Fähigkeiten Ihres vierbeinigen Sozialpartners beim Nacharbeiten der im Folgenden beschriebenen Aufbauten ebenso freie Bahn lassen, wie es Brian Hare damals auch getan hat. Sie befinden sich also in bester Gesellschaft!

Wir stellen hier eine Reihe von Versuchen vor, die in diesen und anderen Forschungsinstituten entwickelt und veröffentlicht wurden. Wir werden jeweils kurz auf alltagsrelevante Zusammenhänge, aber auch auf die wichtigsten wissenschaftlichen Grundlagen dieser Versuche eingehen. Wer sich weiter informieren möchte, dem seien z. B. die Zusammenstellungen von Gansloßer und Kitchenham (2012, 2019) empfohlen.

Hunde können über ganz unterschiedliche Wege lernen. Wichtig ist, dass sie Freude dabei haben.

MÖGLICHKEITEN & GRENZEN DES BEHAVIORISMUS

Die Methoden und Ansichten des Behaviorismus gründen sich im Wesentlichen auf zwei, und zwar als allein gültig angenommene Phänomene der Verhaltenssteuerung:
Zum einen sind die **unbedingten Reflexe** zu nennen, die tatsächlich auch nach Ansicht der Behavioristen im Verhaltensprogramm eines höheren Lebewesens sozusagen genetisch angelegt sind. Bekannte Reflexe sind z. B. der vom Neurologen in der ärztlichen Untersuchung überprüfte Kniesehnen-Reflex (Hämmerchen auf Kniescheibe ergibt vorschnellenden Unterschenkel) oder der Lidschlag-Reflex, mit dem wir auf einen Luftzug reagieren, um unseren wertvollen Augapfel zu schützen.

Gerade der Lidschlag-Reflex kann jedoch auch, wie einschlägige Untersuchungen gezeigt haben, durch eine Konditionierung (s. u.) beeinflusst werden. Wenn mehrmals ein Ton vor einem Luftstrom ans Auge gegeben wird, schließt sich das Auge nach wenigen Wiederholung bereits durch die Präsentation des Tones. Der Luftstrom ist dann gar nicht mehr nötig. Dies ist der sogenannte **bedingte Reflex**, der von den Behavioristen als zweite erlernte Reaktionsmöglichkeit beschrieben wurde.

KONDITIONIERUNGS-PROZESSE

Alle höheren Verhaltensleistungen, die man bei Tieren sieht, wurden von der behavioristischen Sichtweise als Lernprozesse, und zwar in Form einer der beiden grundlegenden Konditionierungsarten, beschrieben. Tiere kamen nach der Sicht der Behavioristen mit einem angeborenen Repertoire an Reflexen auf die Welt, die ihnen z. B. die Fortbewegung ermöglichten. Alle anderen beobachtbaren Verhaltensweisen dagegen, so nahm diese Sichtweise an, waren erlernt. Zum Erlernen konnten im Wesentlichen zwei als Konditionierungsprozesse beschriebene Alternativen auftreten:

— Der von Ivan Pavlov beschriebene Vorgang der klassischen Konditionierung ist meist im allgemeinen Sprachgebrauch mit dem Pavlov'schen Hund verbunden. Pavlov hatte einem Hund, bevor er ihn fütterte, jeweils mit einer Klingel den bevorstehenden Fütterungsprozess angezeigt. Nach wenigen Wiederholungen konnte er feststellen, dass der Speichelfluss des Hundes begann, sobald die Klingel ertönte. Eine körperliche, physiologische Reaktion, die Produktion des Speichels, war also mit einem ursprünglich bedeutungslosen Reiz, dem Klingelton, verknüpft worden, weil nach dem ursprünglich bedeutungslosen eben ein bedeutungsvoller Reiz (das Futter) präsentiert wurde. Pavlov'sche oder klassische Konditionierungsprozesse spielen durchaus im Alltag eines Lebewesens eine große Rolle, wenn z. B. der Herzschlag schon steigt und der Mund trocken wird, nur weil man auf dem Weg zur Kantine am Chefbüro vorbei muss, oder der Speichel des Hundes zu tropfen beginnt, nur weil der Mensch mit der Schüssel Richtung Futtertonne geht.

— Dieser auf unwillkürlicher physiologischer Reaktion beruhenden Konditionierung steht dann die instrumentelle oder operante Konditionierung gegenüber, die vorwiegend von dem amerikanischen Psychologen B. F. Skinner ins Bewusstsein der Verhaltenswissenschaften gebracht wurde. Operant oder instrumentell heißt dieser Konditionierungsvorgang deshalb, weil ein Tier lernt, aufgrund einer nachfolgenden Konsequenz eine eigene Handlung entweder auszuführen oder zu unterlassen. Drückt die Ratte den Hebel, erhält sie eine Belohnung. Erhält die Ratte einen Stromstoß und drückt den Hebel, wird der Stromstoß abgestellt.

Das Lernen durch Versuch und Irrtum, durch Ausprobieren und Verankern nur der zielführenden Handlungsalternative, kann theoretisch ebenfalls auf eine Reihe von nacheinander laufenden operanten oder instrumentellen Konditionierungsprozessen zurückgeführt werden.

Wahrnehmen, lernen, meistern – wichtige Schlüssel des Lebens.

LERNGESETZE

Im Gefolge dieser beiden grundlegenden und wichtigen Studien strebten eine ganze Reihe von Forschern Folgeuntersuchungen an, um die Gesetze des Lernens mit möglichst einfachen und nachvollziehbaren Lernapparaten zu verdeutlichen. Die sogenannten Lerngesetze, die sich z. B. über den zeitlichen Zusammenhang, den optimalen Zeitabstand zwischen Reiz und Reaktion oder zwischen unbedingtem und bedingtem Reiz oder auch über die Länge der dadurch ausgelösten Gedächtnisprozesse äußerten, waren Legion. Unbestreitbar ist, dass die behavioristische Untersuchungsmethodik zu den reinen Mechanismen des einfachen Lernens einen großen Beitrag geleistet hat. Insbesondere dann, als die neurobiologischen Zusammenhänge klar wurden, z. B. durch Untersuchungen von Eric Kandel, der zunächst an einem sehr unwahrscheinlich erscheinenden Organismus, nämlich der Meeresschnecke *Aplysia*, die Auswirkungen wiederholter Konditionierungsprozesse auf die Nervenverknüpfungen und Nervenleitungen untersuchte. Gerade diese Studien, die später auch in ähnlicher Weise mit Säugetieren wiederholt wurden, zeigen übrigens auf, dass Konditionierungsprozesse alles andere als sanfte Methoden sind. Es wird dabei die Architektur des Gehirns und des Nervensystems dauerhaft verändert, es werden neue Zell-Zell-Verknüpfungen (Synapsen) gebildet, und dadurch wird die Reizleitung an dieser Stelle dauerhaft umgeleitet und eigentlich für das gesamte Leben des betreffenden Tieres verändert. Die Annahme, mit solchen auf reinen Konditionierungsprozessen beruhenden Vorgehensweisen könnte man sanft und ohne Ausübung von Gewalt zu einer Erziehung des Hundes kommen, ist daher neurobiologisch als fragwürdig anzusehen.

DER KOGNITIVE ANSATZ

Wie bereits erwähnt, war insbesondere durch die zunehmende Zahl von Freilandstudien, und zwar nicht nur an Affen und Menschenaffen, sondern auch an einer Reihe von Vogelarten, in Gruppen lebenden Raubtieren, Elefanten, neuerdings auch Meeressäugern, immer mehr der Eindruck entstanden, dass im Verhalten von höher entwickelten Tieren noch mehr da sein müsste, als die einfachen, konditionierten oder auf Reflexe zurückgehenden Erklärungsmodelle der Behavioristen erkennen ließen. Der Begriff der Kognition wurde also in das Studium tierlichen Verhaltens eingebracht (Definition, siehe Kasten).

KOGNITION

Kognition ist zunächst ein Prozess, bei dem im Gehirn oder im Steuerungssystem eines Tieres innere Verknüpfungen und innere Repräsentationen, also gewissermaßen innere Bilder, aufgebaut und dann zur Entscheidungsfindung herangezogen und miteinander verschaltet werden. Kognitionsmechanismen sind damit solche, mit denen Tiere Informationen aus der Umwelt erwerben, verarbeiten, speichern und dann auf der Basis dieser gespeicherten Informationen handeln. Sie schließen Reizaufnahme, Lernen, Gedächtnis und Entscheidungsfindung ein. Eine etwas engere Definition kognitiver Prozesse fordert, dass sie nur deklarative und nicht so sehr die prozeduralen Informations- und Gedächtnisinhalte betreffen sollten. Zu wissen, was ein Fahrrad ist, ist also Kognition, das Fahrradfahren als Bewegungsablauf aber nicht. Zu den wichtigsten Inhalten kognitiver Prozesse gehören auch Vorgänge, die die Aufmerksamkeit des Tieres und seine räumliche Orientierung, z. B. im vertrauten Lebensraum, steuern.

PROZESS DER PROBLEMLÖSUNG

Auch beim Studium kognitiver Prozesse kann man, streng genommen, immer noch den bereits erwähnten Morgan'schen Satz anwenden. **Wenn es möglich ist, zuverlässig auszuschließen, dass ein Tier mit einer Testsituation jemals schon Erfahrung gehabt hat, dann muss ein Prozess der Problemlösung in dieser Situation auf kognitiven Mechanismen beruhen, auch wenn wir sie nicht direkt beobachten können.** Ein Hund, der in einem für ihn völlig unbekannten Gelände auf sehr verschlungenen Wegen zu einem Ziel geführt wurde und dann beim Rückweg auf direkter Luftlinie zum Ausgangspunkt zurückkehrt, muss eine sogenannte kognitive Landkarte, also eine Vorstellung von der räumlichen Anordnung der auf dem Hinweg umgangenen Hindernisse und unnötig gelaufenen Schleifen, haben. Ein Hund, der weder beim Apportieren noch bei anderen Ausbildungen jemals mit menschlichen Zeigegesten konfrontiert wurde und trotzdem auf den Fingerzeig eines Menschen in Richtung der gefüllten Futterschüssel läuft, muss eine Idee davon haben, dass der Mensch mit dieser Zeigegeste etwas mitteilt.

Hunde zollen der menschlichen Zeigegeste bereits ab sehr jungem Alter Beachtung.

BEWUSSTSEIN UND EMOTIONEN

Über den Begriff der Kognition hinausgehend, wurden jedoch in den vergangenen Jahren und Jahrzehnten auch noch Untersuchungen über zwei innere Vorgänge im Gehirn von Säugetieren angestoßen, die nicht mehr direkt mit dem Morgan'schen Satz allein erklär- oder untersuchbar sind: Bewusstsein und Emotionen.
Während die für Emotionen und Gefühle zuständigen Bereiche des Säugetiergehirns zu den ältesten, sicherlich 60 bis 80 Millionen Jahre zurück entstandenen Teilen unseres Gehirns gehören, sind die für das Bewusstsein zuständigen Areale wahrscheinlich in den neueren Teilen des Großhirns zu finden. Bewusstsein bei nicht menschlichen Tieren anzunehmen, ist nach wie vor eine schwierige Angelegenheit. Es gibt einige Hinweise darauf: Wir werden im Kapitel über die Spiegelversuche dazu Näheres erklären, sodass zumindest einige höher entwickelte Säugetiere und Vögel so etwas wie ein Selbstbewusstsein haben sollten. Jedoch ist das Studium dieser Prozesse nach wie vor sehr schwierig. Möglicherweise kann jedoch durch die bereits geschilderten Magnetresonanzuntersuchungen hier in den nächsten Jahren mehr an Information gesammelt werden.

SOZIALE BEZIEHUNGEN

Ebenfalls bereits in den 1950er- und anfänglichen 60er-Jahren wurden noch einige weitere Grundannahmen der behavioristischen Betrachtungsweise tierlichen Verhaltens erschüttert: Während der streng behavioristische, zu dieser Zeit auch in weiten Teilen der Kinderpsychologie übliche Denkansatz erwartete, dass z. B. das Verhalten von Babys und Kleinkindern gegenüber ihrer Mutter überwiegend durch die Fütterung und das mütterliche Pflegeverhalten gewissermaßen ankonditioniert würde, konnte zuerst der amerikanische Entwicklungspsychologe Harry Harlow zeigen, dass neugeborene, sofort von ihrer Mutter getrennte und künstlich aufgezogene Affenbabys in den allermeisten Fällen sich viel mehr für einen Kunstpelzteddy als für ein Drahtgestell mit Milchfläschchen interessierten. Besonders deutlich wurde das dann, wenn z. B. ein bedrohlich erscheinender fremder Mensch im Labor auftauchte. Keines der Äffchen zog sich dann an die Attrappe mit der Milchflasche zurück, alle klammerten sich an den Kunstpelzteddy.

BINDUNGSKONZEPT

Im Gefolge dieser und ähnlicher Beobachtungen und Untersuchungen und unter Berücksichtigung der aus der kontinentaleuropäischen Ethologie stammenden Prägungs- und Lernkonzepte entwickelte dann John Bowlby, zusammen mit der Kinderpsychiaterin Mary Ainsworth, ein Bindungskonzept, das die emotionale Reaktion von Kindern auf ihre Mütter, später auch erweitert auf andere Eltern und Pflegepersonen, mit vier Grundgegebenheiten und Grundpfeilern beschrieb:

- Der emotionale Bindungsfaktor des Nähesuchens, der ein Wohlfühlerlebnis bereits ohne körperliche Berührung, einfach nur beim Zusammensein mit der Bindungsperson ermöglicht.
- Die Trennungsreaktion, eine Stressreaktion bei Abwesenheit der Bindungsperson.
- Die sichere Basis, die dem Kind oder dem gebundenen Individuum allgemein ermöglicht, sich in Anwesenheit der Bindungsperson wesentlich freier und selbstsicherer zu bewegen, Erkundungs- und Neugierverhalten zu zeigen und damit die Welt besser kennenzulernen.
- Der sichere Hafen, der krisenfeste Rückzugsort, zu dem man vor allem in Zeiten, in denen es gruselt, jederzeit kommen und sich dort wieder beruhigen lassen kann.

Gemeinsame Augenblicke zusammen genießen, das verbindet.

Dieses gewissermaßen als vierblättriges Kleeblatt zu betrachtende Bindungskonzept ist gegenüber dem rein behavioristischen Ansatz unter anderem dadurch gekennzeichnet, dass man von der Bindungsperson sozusagen ein inneres Bild mit sich trägt. Bereits die Erinnerung an dieses innerlich abgespeicherte Bild kann zu einer Beruhigung und auch Erleichterung des eigenen Verhaltens führen, Stress dämpfende Wirkungen ausüben und einem damit insgesamt das Leben im Alltag erleichtern.

AUFGABEN VON BINDUNGS-PERSONEN

Neben diesem, durch ein gleichmäßiges Ausprägen der vier Elemente des Bindungsmodells charakterisierten Typ der sicheren, stabilen Bindung, gibt es jedoch auch noch Abwandlungen, vorwiegend dann, wenn die Pflegeperson einen Teil ihrer Aufgaben nicht ausreichend wahrnehmen kann. Bindungspersonen sollten empathisch und einfühlsam sein, sie sollten auf die Verhaltensäußerungen des ihnen anvertrauten Kindes oder des Bindungspartners reagieren, und zwar möglichst auch zielgerichtet und zielführend. Sie sollten soziale Unterstützung in Krisensituationen bieten und gleichzeitig aber auch das Erkundungs- und Neugierverhalten des Bindungspartners fördern. Schlichtweg, sie sollten dann für den Bindungspartner da sein, wenn er sie braucht, und ihm Freiheit lassen, wenn er sie möchte.

Handelt die Bindungsperson z. B. häufig unvorhersagbar, ist sie unzuverlässig oder unterbindet sie das Erkundungs- und Neugierverhalten allzu sehr, dann entsteht eine sogenannte **unsicher-ambivalente Bindung**, die z. B. auch zu einer verstärkten Trennungsreaktion oder zu einer allgemeinen Ängst-

Bindungspartner sind füreinander da, lassen sich aber auch Freiraum.

lichkeit in vielen Umweltsituationen führen kann. Lässt dagegen die Bindungsperson entweder die Nähe nicht zu oder beantwortet Kontaktaufnahmen des Partners abweisend oder gleichgültig, kümmert sich nicht um die Sorgen und Nöte des Bindungspartners und bietet daher keinen sicheren Hafen, so wird der Typ der unsicher-distanzierten oder vermeidenden Bindung ausgelöst, der versucht, alle Probleme selbstständig zu lösen, auch wenn er dadurch überfordert wird.

MENSCH-HUND-BINDUNGEN

Seit den 1990er-Jahren sind vergleichbare Phänomene, wie sie das genannte Bindungsmodell im rein zwischenmenschlichen Bereich beschreibt, auch für die Beziehung von Hunden zu ihren Menschen beschrieben worden. Bindungstests sind heute fester Bestandteil nicht nur wissenschaftlicher Untersuchungen des hundlichen Verhaltens, sondern werden auch, mit mehr oder weniger großer Kompetenz, von vielen Hundeschulen z. B. bei der Einstufung von neu auftauchenden Mensch-Hund-Teams vorgenommen (siehe Gansloßer und Kitchenham, 2019).

Das Bindungsmodell geht, wie bereits dargelegt, weit über die behavioristische Betrachtung des Eltern-Kind- oder auch Hund-Mensch-Verhaltens hinaus. Auch hier sind die neuen Untersuchungen in den Magnetröhren wieder hilfreich, wenn sie z. B. eine erkennbare Reaktion in den für emotionale Bewertungen zuständigen Gehirnregionen eines Hundes zeigen, sobald er die Stimme seines Menschen hört oder den Duft seines individuell gebundenen Menschen ahnt, auch wenn dieser Mensch nicht derjenige ist, der ihn normalerweise täglich füttert und versorgt.

VERGLEICHE MIT KLEINKINDERN

In der Kommunikation mit ihren Menschen gibt es größere Ähnlichkeiten zwischen Hunden und Kleinkindern als zwischen Hunden und Schimpansen, wie Vergleichsuntersuchungen der drei Arten immer wieder gezeigt haben. Schimpansen und menschliche Kleinkinder sind zwar in Bezug auf Mengenunterscheidung, räumliche Zusammenhänge oder Objektpermanenz, Verständnis von Schwerkraft usw. durchaus ähnlicher, sobald es um Kooperation, Kommunikation und andere Formen des Aufeinander-Bezugnehmens und Voneinander-Verstehens geht, sind die Hunde jedoch den Schimpansen weit überlegen und ähneln dem Verhalten von zweieinhalbjährigen Kleinkindern sehr viel stärker.

VERSUCHE MIT MENSCH-HUND-TEAMS

Es tut sich also viel in der wissenschaftlichen Erforschung des Hundes und auch seines Verhaltens zu seinem Menschen. Das Elegante und Erfreuliche an diesen neuen Untersuchungen ist, dass die meisten davon mit Familienhunden, also mit Alltags-Mensch-Hund-Teams durchgeführt wurden. Dies ermöglicht, nicht nur eine große und eben auch bedeutsame Zahl von Hunden unterschiedlicher Rassen, Lebensstile und Herkünfte in die nachfolgende, zugegebenermaßen kompliziertere statistische Bearbeitung der Daten einfließen zu lassen. Es ermöglicht eben auch, diese Versuche mit relativ geringen Abänderungen sozusagen im heimischen Wohnzimmer oder auf dem Übungsplatz des Hundevereins oder der Hundeschule nachzumachen und selbst zu sehen, zu welchen teilweise sehr erstaunlichen Problemlösungen die Hunde befähigt sind.

In diesem Sinne sollen die folgenden Beispiele zeigen, wie Sie nicht nur Ihren Hund intelligent beschäftigen, sondern nebenbei selbst auch sehr viel über seine geistigen Leistungen lernen können. Vielen Hunden machen diese Aktivitäten nebenbei auch sehr viel Spaß. Und die Anwesenheit des geliebten Menschen in der Umgebung der zu lösenden Aufgabe ist oft eine zusätzliche Verstärkung des Bindungsgeschehens.

THEORIE DES GEISTES

Gerade ein Prozess der als Theorie des Geistes (Theory of Mind, ToM) bezeichnet wird, wurde in den letzten Jahren zumindest ansatzweise bei Hunden immer wieder angenommen. Dass Hunde sich in den Blickwinkel und in den Kenntnis- und Informationsstand eines Sozialpartners hineinversetzen können, dass sie einschätzen können, was er von seinem Standpunkt aus sieht oder nicht, ob er gerade aufmerksam oder abgelenkt ist, ob es ihm emotional gut oder schlecht geht, ob er in Spiellaune ist oder nicht, all das gehört zu diesem Prozess der Theorie des Geistes.

SCHLAUER HUND

Wenn Sie mit Ihrem Hund die hier vorgeschlagenen Aktivitäten öfter wiederholen und ihn zu immer neuen Höhenflügen bringen, dürfen Sie sich allerdings auch nicht wundern, wenn er selbst dabei immer schlauer wird. Gerade gut gemachte Intelligenzbeschäftigungen führen auch zu einem geistigen Wettrüsten zwischen Mensch und Hund, das aber durchaus beiden Spaß machen kann. Im Laufe der Zeit wird der Hund dann zum Experten. Bei Untersuchungen anderer Tierarten zeigt sich, dass Experten z. B. durch ein besseres Langzeitgedächtnis, eine größere Kapazität des Arbeitsgedächtnisses, eine bessere Konzentrationsfähigkeit auf die besonders relevanten Aufgaben, eine größere Vorhersagbarkeit der Geschehnisse in der Umgebung, schnellere Entscheidungsfindung und schnellere und koordiniertere motorische Bewegungen befähigt sind. Das Bearbeiten der hier vorgeschlagenen Aktivitäten macht also nicht nur Spaß, sondern schult den Hund auch und führt zu einer besseren und vor allem für Hunde, die echte Jobs ausüben müssen, auch effektiveren Arbeit im Alltag.

HANDHABUNG UNSERES BUCHES

Es war uns wichtig, dass dieses Buch ein Praxisbuch sein soll. Es geht um das eigene Erleben, Beobachten, Entdecken, aber auch Schmunzeln, Staunen oder sogar Bewundern. Hunde haben grandiose Fähigkeiten, können, wollen und sollten viel mehr dürfen, als nur als reine Befehlsempfänger oder konditionierte Reaktionssubjekte durch den Alltag zu schlonzen.
Deshalb haben wir die graue (die aber eigentlich gar nicht so grau ist!) Theorie kurz gehalten. Die kleinen Tests sind ausführlich beschrieben und durch Fotos ergänzt. Statt Foto-Love-Story quasi Foto-DIY-Story (DIY = heute populäre Abkürzung für Do It Yourself), was zum Nachmachen einladen und motivieren soll. Im Anschluss an den jeweiligen Versuchsaufbau führen wir aus,

Hunde verstehen mehr vom Gegenüber, egal, ob Artgenosse oder artübergreifend, als man früher dachte.

was man bei den meisten Hunden sieht, was das Tun des Hundes in der jeweiligen Situation bedeutet oder belegt, aber gelegentlich auch, was für Rückschlüsse auf das Mensch-Hund-Team-Miteinander möglich sind und was Auswirkungen im Alltag sein können (nicht müssen!). Diese kurzgefassten Erklärungen lassen viel Raum für das eigene Nachdenken, Überlegen und Zusammenhänge herstellen. Und das ist gut so!

Wir haben die Testaufbauten nicht in Kategorien eingeteilt. Natürlich geht es mal um Kommunikation, mal um Kooperation, mal um bestimmte Wahrnehmungsformen. Aber manchmal vermischt es sich eben auch. Einteilung in Kategorien schafft zwar Übersicht, verleitet aber auch schnell zu einer Art Schubladendenken und schränkt die Sicht ein.

Wer sich grundsätzlich und/oder aufgrund der Beobachtungen, die er beim Durchspielen der Testaufbauten gemacht hat, intensiver und eingehender mit der nun noch spannender erscheinenden, dahinterstehenden Theorie beschäftigen möchte, dem seien die im Anhang gelisteten Bücher, z. B. von Ádám Miklósi, Juliane Bräuer/Juliane Kaminski, Ulrike Halsband oder von Udo Gansloßer/Kate Kitchenham, ans Herz gelegt.

ALLES IST MÖGLICH!

Es ist durchaus möglich, dass der eine oder der andere Hund doch ganz anders agiert und reagiert, seine ganz eigenen Lösungsstrategien entwickelt und eben sich selbst als Ausnahme von der Regel beweist. Auch das ist möglich und kommt vor. Nichts ist starr vorgegeben, nichts ist falsch, nichts ist allein richtig, aber alles ist Verhalten. Und darum geht es, das wollen wir sehen und erleben.

AUFBAU DER VERSUCHE

— *22 Tests für Mensch mit Hund*

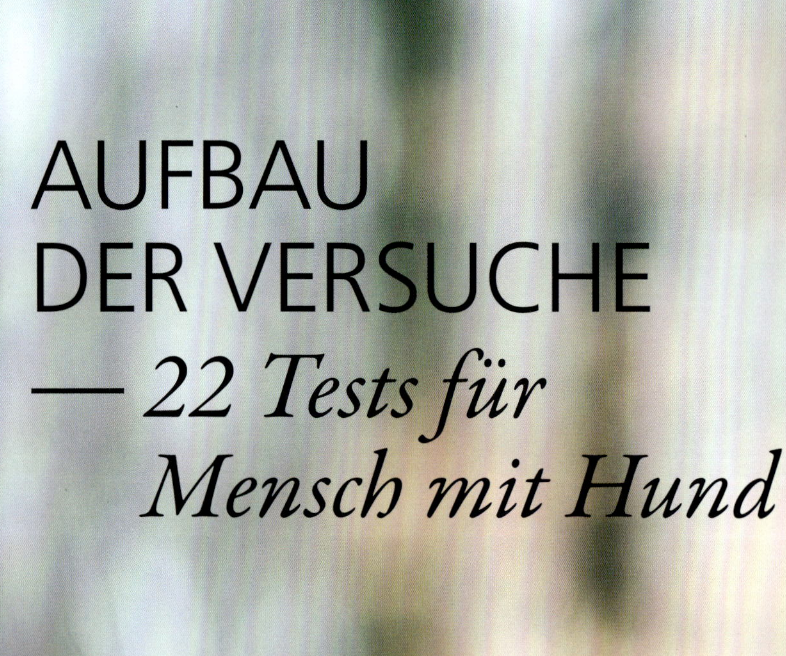

FUTTER „NEIN!“

VORBEREITUNG

FÜR WEN GEEIGNET?

Für alle Mensch-Hund-Teams, bei denen der Hund eine Verweilposition (Sitz, Steh, Platz) und ein Tabuwort (Nein, Meins oder Ähnliches) kennt.

WAS BENÖTIGT MAN?

Mensch, Hund, Futterschüssel, Futter, Stuhl

ZEITLICHE BEGRENZUNG?

Bei unseren Durchgängen in Seminaren und Workshops lassen wir eine zeitliche Spanne von 2 Minuten ab Sitzeinnahme des Menschen.

WIE WIRD'S GEMACHT?

DURCHGANG 1

Der Hund wird mit 2 – 3 Meter Abstand so vor dem Stuhl abgesetzt, dass Mensch und Hund einander später in einer vis-à-vis-Position gegenübersitzen (Foto oben). Bevor der Mensch sich in seine Position auf den Stuhl setzt, füllt er etwas Futter in die Schüssel und stellt diese mittig zwischen sich und dem Hund ab. Dabei „verbietet“ er dem Hund das Futter mit einem sonst üblichen Verbotswort (Nein, Meins, Lass es o. Ä.). Sobald der Mensch sitzt, kann (und darf) er den Hund und/oder die Schüssel anschauen,

Hugo bleibt sitzen, schaut seinen Menschen an und nähert sich nicht der Schüssel.

Man sieht deutlich, wie Dayo sich anschleicht!

Hugo schaut auf die Schüssel, bleibt jedoch sitzen, auch wenn er keinen Blickkontakt zu seinem Menschen hat.

soll sich ansonsten aber völlig (!) zurückhalten und den Hund einfach machen lassen. Das bedeutet also, dass nicht (!) korrigierend eingegriffen wird, wenn der Hund evtl. doch ansetzt, das Verbot zu missachten.
Geht der Hund zur Schüssel und frisst, dann „Guten Appetit", geht er nicht hin, nimmt der Mensch am Ende des Versuchs die Schüssel kommentarlos hoch und weg. Möchte der Mensch den Hund für den gezeigten Gehorsam belohnen, dann empfiehlt es sich, einen Futterbrocken aus der eigenen Tasche zu geben und nicht aus der Schüssel.

DURCHGANG 2

Der Hund wird in 2 – 3 Meter Abstand so neben dem Stuhl seitlich abgesetzt, dass Mensch und Hund sich später in einer 90-Grad-Position (bezogen auf die Blickrichtung) zueinander befinden (S. 26 Mitte). Bevor der Mensch sich in seine Position auf den Stuhl setzt, füllt er etwas Futter in die Schüssel und stellt diese neben sich, somit zwischen sich und dem Hund, ab. Dabei „verbietet" er dem Hund das Futter mit einem sonst üblichen Verbotswort (Nein, Meins, Lass es o. Ä.). Sobald der Mensch sitzt, schaut er nur noch geradeaus und kümmert sich nicht um den Hund. Das bedeutet also auch, dass nicht (!) korrigierend eingegriffen wird, wenn der Hund ansetzt, das Futtertabu zu missachten. Geht der Hund zur Schüssel und frisst, dann „Guten Appetit", geht er nicht hin, nimmt der Mensch am Ende des Versuchs die Schüssel kommentarlos hoch und weg. Möchte der Mensch den Hund für den gezeigten Gehorsam belohnen, dann empfiehlt es sich, einen Futterbrocken aus der eigenen Tasche zu geben und nicht aus der Schüssel.

DURCHGANG 3

Der Hund wird in 2 – 3 Meter Abstand so hinter dem Stuhl abgesetzt, dass der Mensch dem Hund den Rücken kehrt und ihn nicht mehr sieht.

Der Mensch kehrt dem Hund den Rücken zu.

Schnell ist das Verbot bei vielen Hunden „vergessen".

Bevor der Mensch sich in seine Position auf den Stuhl setzt, füllt er etwas Futter in die Schüssel und stellt diese hinter dem Stuhl (und somit vor dem in der o. a. Entfernung sitzenden Hund) ab. Dabei „verbietet" er dem Hund das Futter mit einem sonst üblichen Verbotswort (Nein, Meins, Lass es o. Ä.). Sobald der Mensch sitzt, schaut er nur noch geradeaus und kümmert sich nicht um den Hund. Das bedeutet also auch, dass nicht (!) korrigierend eingegriffen wird, wenn der Mensch hört, dass der Hund zur Schüssel geht und frisst. Geht der Hund nicht hin, nimmt der Mensch am Ende des Versuchs die Schüssel kommentarlos hoch und weg. Möchte der Mensch den Hund für den gezeigten Gehorsam belohnen, dann empfiehlt es sich, einen Futterbrocken aus der eigenen Tasche zu geben und nicht aus der Schüssel.

DURCHGANG 4

Der Hund wird in einem Raum abgesetzt. Der Mensch füllt etwas Futter in die Schüssel und stellt diese auf dem Boden ab. Dabei „verbietet" er dem Hund das Futter mit einem sonst üblichen Verbotswort (Nein, Meins, Lass es o. Ä.). Dann verlässt der Mensch den Raum und schließt die Tür.
Eine mitlaufende Videokamera hält fest, was der Hund in der Situation tut. Die Reaktion des Hundes gibt auch Aufschluss über die grundsätzliche Mensch-Hund-Beziehung und das Bindungsverhalten des Vierbeiners.

WAS KANN MAN BEOBACHTEN?

Es geht hier nicht um eine Gehorsamsübung, von Interesse ist vielmehr, was der Hund macht, wie er sich verhält, wie er mit dem Verbot einerseits und dem Reiz andererseits umgeht. Deutliche Unterschiede zeigen sich natürlich in Abhängigkeit vom Alter des Hundes und von der Länge der bestehenden Mensch-Hund-Beziehung. Jüngere Hunde erliegen schneller dem Verlangen nach Futter, ältere können länger oder komplett widerstehen. Bei Letzteren ist natürlich auch die Befolgung von Anweisungen ihres Menschen wesentlich fester verankert.

UNTERSCHIEDE IN DER KOMMUNIKATION

Interessant sind die unterschiedlichen kommunikativen (im weitesten Sinne) Reaktionen des Hundes. Manche schauen im steten Wechsel vom Futter zum Mensch und zurück, als wollten sie vermitteln: „Das will ich haben, gibst du es mir endlich frei?" Andere hängen gebannt am Blick des Menschen, um auf die kleinste Regung hin – von ihnen dann schnell und gern interpretiert als wohlwollendes „Nimm's" – reagieren zu können. Auch äußerst talentierte Anwärter auf den „Lieb-Gucken-Award" lernt man bei diesem Aufbau im Durchgang 1 kennen! Wieder andere beginnen zu winseln, zu jaulen oder auch zu bellen, wobei die Intonation von leidend über empört, fordernd, wütend bis anklagend zu klingen vermag.

Die „Austester"

Manche Hunde versuchen auch herauszufinden, wie der Mensch reagiert, wenn die zugewiesene Position verändert wird. So wird sich aus dem Sitz gern ins Platz abgelegt. Zum einen bringt das die Nase schon einmal näher an das Objekt der Begierde. Oftmals sieht man aber, dass die Hunde sich offenbar sehr bewusst in eine andere Position begeben und dabei den Menschen fest im Blick halten, als wollten sie austesten, was passiert, wenn das Sitz eigenmächtig aufgehoben wird. Erfolgt keine Reaktion, dann werden eventuell andere Positionen, aber auch die weitere Annäherung ausprobiert. Immer den Menschen im Blick, um im Fall der Fälle doch wieder auf „gehorsamer Hund" umzuschalten.
Werden aber keine korrigierenden Maßnahmen ausgelöst, dann fällt auch die Hemmung, sich der Schüssel anzunähern, sich daraus zu bedienen und zu fressen.

Die „Schönwettermacher"

Es gibt auch diejenigen Hunde, die Schüssel Schüssel sein lassen (meint man zumindest!) und – eventuell noch mit einem deutlichen Bogen! – um die Verlockung herum zu ihrem Menschen gehen. Besonders beim Durchgang 3 machen diese Kandidaten dann bei ihrem Menschen gern „schön Wetter", um sich im Anschluss zwischen die Menschenbeine und/oder unter dem Stuhl hindurchzurobben und auf diese Art und Weise zum Futter zu gelangen.
Die Strategien sind schier unzählig und so individuell verschieden, dass man aus dem Schmunzeln und Staunen kaum herauskommt. Und gerade ehemalige „Straßenhunde" zeigen sich oft besonders findig.

Sehr schön zu sehen, die wechselnde Blickrichtung des Shepherds mal zum Menschen, …

… dann zur Schüssel. Unschwer zu erkennen, was sein Herz in diesem Fall begehrt.

Dann wird über einen Positionswechsel (von Sitz ins Steh) abgecheckt, ob der Mensch reagiert.

Da das nicht der Fall ist, kann man auch einfach zur Schüssel und es sich schmecken lassen!

OFFENHEIT UND GEWISSENHAFTIGKEIT

Die Fähigkeit, gerade in solch kniffligen Situationen Probleme zu lösen, also auch eine gewisse Schlauheit zu zeigen, ist Teil der Persönlichkeitsachse „Offenheit", im Hundebereich oft etwas missverständlich als „Trainierbarkeit" bezeichnet. Es geht nämlich bei dieser Eigenschaft nicht um Lerngeschwindigkeit, sondern mehr um die Begabung, selbstständige Problemlösungen zu finden. Und noch eine Persönlichkeitsachse spielt mit hinein, nämlich die der Gewissenhaftigkeit. Dünnbrettbohrer machen hier viel weniger Anstrengungen. Beide Persönlichkeitsachsen sind übrigens auch rassetypisch, wobei auch hier oft die frühere Arbeitsgeschichte wichtig ist: Auf Selbstständigkeit gezüchtete Hundetypen wie z. B. Bauhunde, Herdenschutz- oder Fährten- und Meutehunde sind hier viel ausdauernder.

VERHALTEN NACH DEM FRESSEN

Wurde die Schüssel geleert, so ist auch das weitere Verhalten des Hundes spannend. Geht er zu seinem Menschen? Geht er einfach vom Ort des Geschehens fort? Setzt er sich womöglich einfach wieder hin und hockt nun vor der (offenbar von Geistern leer gefutterten!) Schüssel?

Das „schlechte" Gewissen

Gut belegt ist übrigens, dass es in solchen Situationen bei der Rückkehr vom/zum Menschen kein schlechtes Gewissen des Hundes gibt. Was Hundehalter hier als schlechtes Gewissen zu sehen glauben, ist nur Beschwichtigungs- oder Unterwerfungsverhalten des Hundes, nachdem der Mensch bereits zu schimpfen begann oder enttäuscht scheint. Da Hunde Meister im Entschlüsseln menschlicher Signale sind, merken sie extrem frühzeitig, wenn ihr Mensch angespannt ist oder anfängt „zu pulsieren"!

AUS DEM BLICK ...

Im Verlauf der variierenden Durchgänge stellt man leicht fest, dass die Veränderung der Sitzposition und daraus resultierend die andere Blickrichtung des Menschen es dem Hund erleichtert, das Futtertabu aufzuheben oder zu ignorieren. Stellt der Volksmund fest: „Aus den Augen, aus dem Sinn", so erleben wir hier quasi ein: „Aus dem Blick, aus dem Verbot".
Bei Hunden wie auch bei Wölfen gibt es durchaus Besitz, fast im Sinne unserer juristischen Definition: Jemand hat die unmittelbare Verfügungsgewalt über etwas. Eigentum, also ein prinzipielles Vorrecht, auch dann, wenn man nicht anwesend ist, gibt es aber – und zwar ganz speziell bei Futter! – nicht. Und da wir gerade beim Futter sind und es auch dazu immer wieder „kluge", aber selten zutreffende Aussagen gibt: Gerade bei Futter gibt es bei Hundeartigen – im Gegensatz zu uns und unserer Affenverwandtschaft! – auch keine Rangprivilegien, wer zuerst frisst/fressen darf! Somit lässt sich an der Fressabfolge auch nicht absehen, wer ranghoch, wer rangtief in einer sozialen Canidengruppe ist.

Beim Menschen „gut Wetter" machen!

BEDEUTUNG FÜR DEN ALLTAG

AUSFÜHREN VON SIGNALEN

Dieser relativ kleine und einfache Aufbau kann viele Aufschlüsse über den jeweiligen Hundetyp, dessen Persönlichkeitsstruktur und den Status quo der Mensch-Hund-Beziehung offenbaren. Trainern bietet er deshalb einen leicht zu erreichenden ersten Eindruck. Wie ist bereits die Reaktion des Hundes auf das einfache „Sitz" und das ruhige Abwarten, was nun passiert? Nicht selten braucht es schon hierbei etliche Minuten, bis der Hund überhaupt einmal mit dem Po den Boden berührt, nur um beim Griff der Menschenhand zur Futterschüssel wieder „Gewehr bei Fuß" erwartungsvoll um seinen Halter herumzutanzen. Und das beschränkt sich durchaus nicht nur auf sehr junge Hunde, die es (noch) nicht gelernt haben (können). Das Nicht-ernst-Nehmen von menschlichen Anweisungen zeigt sich auch beim Abstellen der Schüssel mit dem jeweiligen Tabuwort. Manch eine Schüssel erreicht den Boden fast gar nicht und/oder der Vierbeiner schiebt den Menschen einfach zur Seite, damit er ihm nicht weiter im Weg rumsteht und sein Vorhaben behindert.

GLORY VOR DER „VERBOTENEN" SCHÜSSEL

Das Nachfolgende klingt nach einer übertrieben ausgedachten Geschichte, hat sich exakt so aber während eines Seminars der Autoren zugetragen und wurde – zum Glück! – videografisch festgehalten! Glory ist eine sehr fröhliche, energiegeladene Briardhündin mit einer ebensolchen Besitzerin. Zwei echte rheinische Frohnaturen. Glory wird für den Durchgang 1 in Position gebracht und sitzt brav ihrem Frauchen gegenüber, die Schüssel steht in der Mitte. Frauchen schafft es nicht, den Hund anzuschauen. Sie weiß, dass sie dann würde lachen müssen. So schaut sie lieber gen Decke, ist aber ansonsten in der erwünschten Vis-à-vis-Position. Die zwei Minuten beginnen zu laufen ... – Glory schaut ihr Frauchen an, dann zur Schüssel, dann wieder in ruhiger Abfolge zum Menschen, zur Schüssel, zum Menschen, zur Schüssel. Dann scheint ihr eine Idee zu kommen. Mit stetem Blick zum Menschen legt sie sich ins Platz! Kurzes Abwarten mit Blick nach oben – aber nichts passiert. Nun schaut sie aus der liegenden Position wieder abwechselnd Schüssel, Mensch, Schüssel, Mensch. Und wieder eine Idee: Ohne den Körper groß anzuheben, streckt Glory die Hinterbeine zurück – und SCHIEBT sich auf dem Bauch näher an die Schüssel. Abwarten und wieder der Blick nach oben zum Menschen! Dann streckt sich der Kopf mit Nase und Schnauze nach vorne, bis Glory die Schüssel erreicht. Dabei liegt sie platt auf dem Bauch wie eine Flunder – und schielt wieder nach oben. Und was nun folgt, macht die Videosequenz Oscarreif! Glory klemmt die Schüssel zwischen Unterkiefer und Boden, zieht sie zwischen ihre Beine direkt unter das Maul (auf dem Video ist sie völlig zwischen den Vorderbeinen verschwunden und nicht mehr zu sehen!), frisst sie leer – und schiebt sie langsam, vorsichtig und geräuschfrei wieder nach vorne! Danach schiebt sich auch Glory selbst etwas zurück und fällt seitlich in eine bequemere Platz-Liegeposition. Dann schaut sie nach oben Richtung Frauchen: „Schüssel leer, aber ich war das nicht!"

VERHALTEN DES MENSCHEN

Beachtenswert sind auch die körpersprachlichen Signale des Menschen in diesen Durchgängen. Manche Menschen sitzen völlig entspannt auf dem Stuhl, locker zurückgelehnt und mit leicht aufgelegten Armen. Dies sind oft diejenigen Hundebesitzer, die entweder ihre Hunde korrekt einschätzen können oder sich des Hundeverhaltens in der Situation sicher sind (oder aber meinen, dies zu sein, wie es häufig bei Besitzern junger Hunde festzustellen ist).

Und dann gibt es die anderen Menschen, die eher angespannt bis verkrampft nur auf der vorderen Kante des Stuhls sitzen, die Hände in die Armlehnen gekrallt, den Körper leicht vorgebeugt und insgesamt wie auf dem Sprung wirkend. Von ihnen wird die Futterschüssel dann auch gern ganz nah an den Stuhl oder sogar direkt mittig zwischen die Menschenbeine gestellt. Hier vermittelt das Bild weder Vertrauen noch Zuversicht. Und in der Folge sieht man häufig auch wirklich Hunde, die dieses ihnen entgegengebrachte Misstrauen mit genüsslichem Fressen aus der tabuisierten Schüssel quittieren.

All diese Verhaltensweisen spiegeln den Alltag auch in anderen Situationen wider. Das Austricksen des Menschen, das Ignorieren von Anweisungen oder auch manipulatives Verhalten kann Baustellen und Schwachpunkte offenbaren. Oder es zeigt sich dadurch, dass Mensch XY einen cleveren Kumpel an der Seite hat, der eigene Problemlösungsstrategien entwickelt, dabei aber seinen Menschen nicht infrage stellt.

DARK ROOM

VORBEREITUNG

FÜR WEN GEEIGNET?

Für alle Mensch-Hund-Teams, die einen leeren, abzudunkelnden Raum zur Verfügung haben.

WAS BENÖTIGT MAN?

Mensch, Hund, 2 Futterschüsseln, Futter, Stuhl, 2 Stehlampen, evtl. 2 niedrige Abstellmöglichkeiten, abzudunkelnden Raum

ZEITLICHE BEGRENZUNG?

Bei unseren Durchgängen in Seminaren und Workshops lassen wir eine zeitliche Spanne von 2 Minuten ab Sitzeinnahme des Menschen.

WIE WIRD'S GEMACHT?

Mensch und Hund sitzen sich vis-à-vis in der Mitte des abgedunkelten Raumes gegenüber. In gleicher Entfernung steht links und rechts jeweils eine Futterschüssel (z. B. auf umgedrehten Eimern, niedrigen Tischchen oder Fußschemeln o. Ä.). Zur optischen Gleichstellung befindet sich bei jeder Schüssel eine Lampe (die im Idealfall identisch sind). Während auf der einen Seite die Lampe eingeschaltet ist und somit das Futter im Hellen steht, bleibt die andere Seite im Dunklen.

Variante Statt mit Licht kann man auch mit akustischen Signalgebern (Glocke, Schellen o. Ä.) den Aufbau gestalten, das ist aber für den Normalhaushalt schon etwas schwieriger durchzuführen. Hier bieten ein Laborraum oder eine andere wissenschaftliche Einrichtung vermutlich doch bedeutend bessere Möglichkeiten.

WAS KANN MAN BEOBACHTEN?

Sicherlich gibt es Hunde, die nun, vielleicht leicht irritiert, da sie die Gesamtsituation etwas „befremdlich“ finden, einfach sitzen bleiben. Dann ist das so. Aber es wird auch diejenigen Vierbeiner geben, die das Futter lockt! Interessant ist nun, zu welcher Seite der Hund tendiert, wenn er sich in Bewegung

Im Dunklen ist nicht nur gut munkeln, sondern auch einfacher Futter (zu) stibitzen.

setzen sollte. In den wissenschaftlich ausgerichteten Tests mit teilnehmenden Familienhunden wurde festgestellt, dass die meisten Hunde zur dunklen Seite hingehen, zumindest zuerst.
Solche und ähnliche Untersuchungen werden benutzt, um Ansätze von dem, was man „Theorie des Geistes“, die „theory of mind“ nennt, bei nicht menschlichen Tierarten zu untersuchen. Perspektivwechsel ist hier ein Teil davon, nämlich die Fähigkeit, sich in den Blickwinkel des anderen hineinzuversetzen und zu erkennen, ob bzw. was der-/diejenige überhaupt sehen und wissen kann.
Neben dem hier geschilderten Versuchsaufbau gibt es noch ähnliche Versuche, bei denen ein Futternapf entweder mit Glöckchen akustisch gesichert war oder nicht und der Mensch dem Hund den Rücken zudrehte. Auch dann waren Hunde beim Aufbau ohne Glöckchen viel zielstrebiger.

AUS DER WELT DER STUDIEN

Ganz andere Versuche zum Perspektivwechsel waren folgende: Mehrere Menschen stehen an unterschiedlichen Stellen im Raum. Dann versteckt ein Versuchsleiter Futter, aber so, dass nicht alle Personen ihn dabei beobachten können. Anschließend gibt jede der Versuchspersonen Zeigegesten. Die Hunde folgen meist den Gesten der Menschen, die von ihrem Standpunkt den Versteckvorgang beobachten konnten, nicht den anderen. Perspektiveinschätzung geht auch von Hund zu Hund: Wenn Hunde im Spiel unterbrochen werden und weiterspielen wollen, orientieren sie sich vor der Spielaufforderung daran, ob sie überhaupt im Blickfeld des Partners stehen. Andernfalls wird dieser durch Anstupsen oder aufforderndes Bellen erst einmal optisch „eingefangen“ und auf den Anbieter aktiv aufmerksam gemacht.

BEDEUTUNG FÜR DEN MENSCH-HUND-ALLTAG

Solche Erkenntnisse belegen, dass Hunde durchaus Zusammenhänge im Sinne von „sehen und gesehen werden“ begreifen und Rückschlüsse für sich daraus ziehen. Jeder Hundehalter kennt z. B. die Situation, dass sich ein Vierbeiner ein nicht unbedingt erlaubtes Objekt schnappt und sich damit aus dem Blickwinkel des Besitzers verzieht. Der Hund weiß also, dass direkter Blickkontakt das Risiko birgt, etwas verboten, abgenommen, verwehrt zu bekommen. Aber er weiß auch den umgekehrten Sachverhalt für sich zu nutzen: direkten Blickkontakt, um Leckerchen zu „ergucken“, um Sozialkontakt oder Spieleinlage zu initiieren – um den Menschen zu manipulieren.

Hunde können Perspektiven ihres Gegenübers, egal ob Mensch oder anderes Tier, ab- und einschätzen!

DER SPIEGEL

VORBEREITUNG

FÜR WEN GEEIGNET?

Für alle Mensch-Hund-Teams.

WAS BENÖTIGT MAN?

Mensch, Hund, Futterschüssel, Futter, Stuhl, größeren Standspiegel

ZEITLICHE BEGRENZUNG?

Bei unseren Durchgängen in Seminaren und Workshops lassen wir eine zeitliche Spanne von 2 Minuten ab Sitzeinnahme des Menschen.

WIE WIRD'S GEMACHT?

Der Mensch platziert eine Futterschüssel im Raum so, dass diese dann, wenn er auf dem Stuhl sitzt, hinter seinem Rücken und somit außerhalb seines Blickes steht. Der Hund darf zuschauen oder wird später dazugeholt, die Schüssel aber wird ihm verboten. Der Hund wird mit Abstand (!) zur Schüssel abgesetzt oder gelegt, der Mensch sitzt auf dem Stuhl und kehrt Hund und Schüssel den Rücken zu. Es besteht also keinerlei direkter Sichtkontakt.
Der Spiegel wird vor dem Gesamten so positioniert, dass der Mensch im Spiegel Hund und Schüssel sieht!
Sobald der Mensch sitzt, schaut er nur noch in den Spiegel und kümmert sich nicht um den Hund. Das bedeutet also auch, dass nicht (!) korrigierend eingegriffen wird, wenn der Mensch im Spiegel sieht, dass der Hund zur Schüssel geht und frisst. Geht er nicht hin, nimmt der Mensch am Ende des Versuchs die Schüssel kommentarlos hoch und weg. Möchte er den Hund für den gezeigten Gehorsam belohnen, dann empfiehlt es sich, einen Futterbrocken aus der eigenen Tasche zu geben und nicht aus der Schüssel.

WAS KANN MAN BEOBACHTEN?

Es geht hier nicht um eine Gehorsamsübung, von Interesse ist vielmehr, was der Hund macht, wie er sich verhält, wie er mit dem Verbot einerseits und dem Reiz andererseits umgeht!
Der Spiegel belegt viele Erkenntnisse der forschenden und untersuchenden Wissenschaft. Viele Hunde sind durch den Spiegel gehemmt und gehen nicht an das Futter. Das bedeutet aber, dass sie ein Wissen darüber haben, dass der Mensch, obwohl mit dem Rücken zum Futter und zum Hund sitzend, über den Spiegel das Geschehen beobachten kann – und eine entsprechende Reaktion bei nicht erwünschtem Verhalten ausgelöst werden könnte! Weiter belegt der Spiegeltest aber auch, dass der Hund eine Form von Ich-Bewusstsein, von Metakognition hat, denn er muss sich im Spiegel erkennen und das Verhalten des Spiegelkumpels mit sich in Verbindung bringen!

01 Mizzi muss brav sitzen, das Futter wird ihr verboten.

02 Im Spiegel sieht man deutlich, dass Mizzi gern ans Futter würde. Sie schielt aber nicht zu ihrem Menschen, sondern in den Spiegel und weiß, dass Herrchen alles sieht.

01

02

ZWECK VON SPIEGELVERSUCHEN

Spiegelversuche werden in der Kognitionsforschung zu zwei völlig unterschiedlichen Zwecken eingesetzt:

1. Können Tiere erkennen, dass sie mit Hilfe eines Spiegels „um die Ecke schauen" können? Diese Variante, die wir hier auch vorstellen, wurde neben Hunden u. a. auch mit Schweinen schon erfolgreich getestet. Man nennt diese Fähigkeit „Einschätzungsbewusstsein" („assessment awareness").
2. Zum anderen, und das ist sogar die bekanntere Situation, zur Frage, ob Tiere sich selbst im Spiegel erkennen. Bemalt man ein z. B. schlafendes oder narkotisiertes Tier mit einem Klecks im Gesicht und zeigt ihm nach dem Aufwachen einen Spiegel, so kann es entweder versuchen, den Klecks im Gesicht des Spiegelbildes zu berühren oder den eigenen. Im letzteren Fall zeigt es, dass es sich wohl im Spiegel erkannt hat.

Solche Tests wurden zwar mit Menschenaffen, Elefanten, Tümmlern, Mantarochen, Tauben und einigen anderen Tieren, sogar Ameisen durchgeführt, nicht aber mit Hunden. Dagegen hat man geruchliche Selbsterkennung über Urinmarken bei Hunden schon belegen können.

BEDEUTUNG FÜR DEN MENSCH-HUND-ALLTAG

Dieser Aufbau verdeutlicht, dass Hunde sich im Alltag vieler Informationsquellen bedienen (können) und die für sie wichtigen Schlüsse daraus ziehen.

WER IST GEMEINT?

VORBEREITUNG

FÜR WEN GEEIGNET?

Für alle Mensch-Hund-Teams geeignet, es sollten aber zumindest einige Anweisungen bereits etabliert sein.

WAS BENÖTIGT MAN?

Mensch, Hund

ZEITLICHE BEGRENZUNG?

Keine

WIE WIRD'S GEMACHT?

Durchgang 1 Hund und Mensch stehen einander gegenüber. Nun gibt der Mensch eine Anweisung mittels HÖRZEICHEN, die der Hund kennt und in der Regel zuverlässig ausführt (z. B. „Sitz").
Durchgang 2 Hund und Mensch stehen hintereinander (Hund hinter Mensch). Nun gibt der Mensch eine Anweisung mittels HÖRZEICHEN, die der Hund eigentlich kennt und normalerweise zuverlässig ausführt (z. B. „Sitz").

WAS KANN MAN BEOBACHTEN?

Diese kleine Abfolge verdeutlicht die Bedeutung von Blickkontakt! Im Buch „Lernen mal anders" (Krivy, 2018) wird ausführlich erläutert, wie bedeutungsvoll der direkte Kontakt zum Hund im täglichen Miteinander, speziell aber in der Anleitung und Erziehung ist. Wenn der Mensch mit seinem Hund kommunizieren will (und das im weitesten Sinne!), so muss er auch Kontakt zu diesem aufnehmen und halten. Und letztlich kennen wir es von der menschlichen Begegnung doch auch; sein Gegenüber im Gespräch nicht anzuschauen, ihm womöglich den Rücken zuzudrehen, ist einfach unhöflich!

SICHTZEICHEN: WIE WIRD'S GEMACHT?

Durchgang 1 Hund und Mensch stehen einander gegenüber. Nun gibt der Mensch eine Anweisung mittels SICHTZEICHEN, welches der Hund kennt (z. B. für „Sitz").
Durchgang 2 Hund und Mensch stehen hintereinander (Hund hinter Mensch). Wieder gibt der Mensch eine Anweisung mittels SICHTZEICHEN (z. B. „Sitz").

WAS KANN MAN BEOBACHTEN?

Der Einsatz des Sichtzeichens macht es vielen Hunden einfacher, die Anweisung auch ohne direkten Blickkontakt zu verstehen. Hier bleibt das visuelle Signal ja im Wesentlichen erhalten und bietet eine Orientierung. Kommunikation bedeutet zunächst, dass ein Individuum – als Signalgeber – durch sein Verhalten das Verhalten des anderen – des Empfängers – vorhersagbar verändert. Und dies geschieht dadurch, dass die Energie für die Verhaltensänderung vom Empfänger selbst zur Verfügung gestellt wird. Deshalb ist es eben keine Kommunikation, wenn man

Kommunikation ist keine Einbahnstraße, sondern ein Sender-Empfänger-System. Dies gilt im Tierreich wie in der menschlichen Alltagsumgebung.

jemanden übers Brückengeländer wirft, anstatt ihm zu sagen: „Spring!", und der tut es daraufhin!

Zugleich gehört damit aber zum Kommunikationsvorgang auf der Empfängerseite die Aufnahme, Entschlüsselung und innere Verarbeitung der Botschaft, bevor diese beantwortet werden kann.

Rückwirkungen auf den Sender gibt es übrigens auch, sowohl durch das Senden des Signals selber (etwa wenn man sich in Rage redet) als auch durch die reine Anwesenheit oder gar Aufmerksamkeit eines Empfängers (nur Menschen mit psychischen Problemen halten es länger als ein paar kurze Fluchworte durch, lauthals vor sich hinzuschimpfen, wenn keiner da ist, der sie hört).

BEDEUTUNG FÜR DEN MENSCH-HUND-ALLTAG

Blickkontakt ist bedeutungsvoll für den Hund, wie wir bereits beim „Futter-Nein"-Aufbau ausgeführt haben. Wer mit seinem Hund kommuniziert oder kommunizieren möchte, der muss zuvor Verbindung zu diesem aufnehmen. Man kann ja auch nicht mit jemandem telefonieren, den man nicht angerufen hat bzw. von dem man nicht angerufen wurde. Besteht keine Verbindung, erfolgt kein Informationsaustausch. Ist die Verbindung gestört, erfolgt der Informationsaustausch evtl. nur bruchstückhaft, verzerrt, undeutlich, missverständlich oder ist komplett be-/verhindert.

Die Zweitperson, Hund und Halter befinden sich in einer Dreiecksposition zueinander.

Im Mensch-Hund-Miteinander können solche Behinderungen z. B. bereits durch Blickkontakt erschwerende bis verhindernde Kleidungsstücke (Brille, Hut, Kapuze) eintreten!

Der Hundehalter ist seinem Hund zugewandt. Das Signal „Platz" funktioniert!

WICHTIGE FAKTOREN BEI DER KOMMUNIKATION

Die Budapester Arbeitsgruppe um Ádám Miklósi hat in zahlreichen Versuchen belegt, dass die effektive Aufmerksamkeit und die Ausrichtung von Körper und/oder Kopf für den Hund und die Kommunikation mit ihm wichtig sind (Miklósi, „Hunde", S. 277 – 278). Gleiches beschreiben Juliane Bräuer und Juliane Kaminski und belegen dies durch ihre Versuchsreihen (nachzulesen in Bräuer/Kaminski, „So klug ist Ihr Hund", S. 55 – 56).

Trotz vorhandenem Gehorsam fühlt sich der Kurzhaarcollie in dieser Konstellation nicht angesprochen und geht nicht ins Platz.

Hier waren die Versuchsaufbauten z. B. folgende:

1. Eine Zweitperson, der Hundehalter und der Hund befinden sich in einer gleichschenkligen Dreiecksposition zueinander. Der Hundehalter ist körpersprachlich dem Hund zugewandt und hält Blickkontakt, wenn er eine Anweisung (z. B. „Sitz" oder „Platz") gibt. > Klappt!

„Kein Empfang auf dieser Welle!"

Schaut der Kopf über die Decke, klappen auch die Anweisungen (wieder!).

2. Eine Zweitperson, der Hundehalter und der Hund befinden sich in einer gleichschenkligen Dreiecksposition zueinander. Der Hundehalter ist körpersprachlich der Person gegenüber zugewandt und hält Blickkontakt zu dieser, wenn er eine Anweisung (z. B. „Sitz“ oder „Platz“) gibt. > Klappt eher nicht.
3. Eine Zweitperson, der Hundehalter und der Hund befinden sich in einer gleichschenkligen Dreiecksposition zueinander. Der Hundehalter ist körpersprachlich dem Hund und der Zweitperson abgewandt und es besteht zu niemandem Blickkontakt, wenn eine Anweisung (z. B. „Sitz“ oder „Platz“) gegeben wird. > Klappt eher nicht.
4. Eine Zweitperson, der Hundehalter und der Hund befinden sich in einer gleichschenkligen Dreiecksposition zueinander. Der Hundehalter ist körpersprachlich dem Hund zugewandt und hat den Blick auf den Hund gerichtet, was vom Hund aber nicht gesehen wird, da eine Sichtbarriere den Menschen verdeckt, wenn er eine Anweisung (z. B. „Sitz“ oder „Platz“) gibt. > Klappt eher nicht.

Verschwunden hinter der Decke = Verwunderung und „Nix-Verstehen“.

FAZIT DER ARBEITEN

In der Arbeit von Maya Bräm Dubé, Daniel Mills et al. wird zu weiteren Erkenntnissen gekommen. Die Studienergebnisse belegen folgendes Fazit:

— Anweisungen, die eine Distanzverringerung zum Inhalt haben (z. B. „Komm“, „Hier“) oder einen allgemeinen Bewegungsablauf (z. B. „Fuß“, „Bei mir“), werden in der Regel auch noch dann ausgeführt, wenn kein direkter Blickkontakt zum Hund besteht.

— Anweisungen hingegen, die eine Bewegungseinschränkung bedeuten (z. B. „Sitz“ oder „Platz“, aber auch „Bleib“), klappen ohne Blickkontakt eher nicht.

BEGEISTERUNG STECKT AN

VORBEREITUNG

FÜR WEN GEEIGNET?

Für alle Mensch-Hund-Teams gleichermaßen geeignet.

WAS BENÖTIGT MAN?

Mensch, Hund, evtl. Hilfsperson, einen Gegenstand, der sonst im Alltag keinerlei Bedeutung hat.

ZEITLICHE BEGRENZUNG?

Keine

WIE WIRD'S GEMACHT?

VARIANTE 1

Die Hilfsperson hält den Hund an der Leine fest, ohne sich sonst um ihn zu kümmern. Alternativ könnte der Hund irgendwo angebunden werden. Der Mensch steht anfangs mit dabei, verhält sich aber neutral. In einiger Entfernung liegt ein völlig bedeutungsloser Gegenstand (wir nutzen gern ein orangefarbenes Plastikdreieck von 15 – 20 cm Länge und Höhe). Der Mensch geht zu diesem „Ding" und beginnt, sich enthusiastisch begeistert damit zu beschäftigen. Mit Jubeln und Lachen wird es in die Luft geworfen und gefangen, es in den Händen haltend wird gehüpft, das Ding am Boden hin- und hergekullert. Offensichtlich bereitet die Beschäftigung mit dem Teil Spaß. Nach einer Spielphase von 2 – 3 Minuten geht der Mensch zurück in die Nähe seines Hundes, der Hund wird von der Hilfsperson losgelassen. Schaut auch der Hund sich an, was den Menschen so begeistert hat?

VARIANTE 2

Die Hilfsperson hält den Hund an der Leine fest, ohne sich sonst um ihn zu kümmern. Alternativ könnte der Hund irgendwo angebunden werden. Der Mensch steht anfangs mit dabei, verhält sich aber neutral. In einiger Entfernung liegt ein völlig bedeutungsloser Gegenstand (wir nutzen gern ein orangefarbenes Plastikdreieck von 15 – 20 cm Länge und Höhe). Der Mensch geht zu diesem

Gespannt schaut Luna zu, was ihren Menschen so begeistert.

Ding und erschreckt sich in dessen Nähe. Mit Ekelrufen wird es vorsichtig beäugt und im Bogen umrundet. Offensichtlich bereitet die Konfrontation mit dem Teil Unbehagen und verursacht Abscheu. Nach einer Zeitphase von 2 – 3 Minuten geht der Mensch zurück in die Nähe seines Hundes, der Hund wird von der Hilfsperson losgelassen. Schaut auch der Hund sich an, was dem Menschen so missfallen hat? Und wenn ja, wie verläuft die Annäherung?

WAS KANN MAN BEOBACHTEN?

In den meisten Fällen der Variante 1 geht auch der Hund zügig und neugierig zum Objekt und schaut es sich an. Oftmals vermeint man aber schnell die Irritation des Hundes zu erleben, der nicht versteht, warum ein schnödes Plastikteil seinen Menschen derart in Begeisterung zu versetzen vermag.
Im Falle der Variante 2 erlebt man nicht selten, dass die Hunde sich dem Objekt gar nicht oder nur sehr zögerlich und vorsichtig annähern. Die Skepsis des Hundes beruht auf dem Unbehagen des Menschen und spiegelt dessen Verhalten.

Da muss man selbst auch mal nachschauen!

AUS DER WELT DER STUDIEN

Man kann hier eine ganze Reihe ähnlich gelagerter Studien finden. Zum Beispiel wurde in einer Untersuchung das Mensch-Hund-Team in einen Versuchsraum geführt, in dem plötzlich ein blinkender Spielzeugroboter unter dem Tisch hervorgerollt kam. Die Regieanweisung war dann für den Menschen, entweder Begeisterung oder Furcht zu zeigen. Danach wurde der Mensch aus dem Raum gerufen, und das Verhalten des Hundes zeigte deutlich die Anklänge an das Verhalten seines Menschen.
Auch beim Apportieren hat man diese Effekte untersucht: Zeigt ein Mensch an einem Gegenstand, den der Hund bringen soll, viel Begeisterung, bei einem anderen aber Ekel, dann bringt der Hund viel lieber, schneller und korrekter den Gegenstand, über den der Mensch sich freute.

BEDEUTUNG FÜR DEN MENSCH-HUND-ALLTAG

Dieser kleine Aufbau verdeutlicht sehr schön, wie sich der Hund an unseren Stimmungen orientiert und sein Verhalten angleicht. Das Wissen darum lässt sich im Alltag bei der Anleitung und Auseinandersetzung mit diversen Reizen gut nutzen.
Gerade beim Apportier- und Dummytraining vermögen also überwiegend jene Menschen auf Erfolg zu hoffen, die entweder gute Schauspieler sind oder denen ein schmutziger, sabbertriefender Dummy wirklich nichts ausmacht. Übrigens auch ein Grund, weshalb die von manchen Verhaltenstherapeuten vorgeschlagene Methode, Hunde, die Kot fressen bzw. diesbezüglich gefährdet sind, den Kotbeutel apportieren zu lassen und ihn dann gegen ein Leckerchen einzutauschen, kaum funktionieren dürfte! Siehe auch den Aufbau „Geizhals und Spendierhosenträger“, S. 44.

DER STIFT

VORBEREITUNG

FÜR WEN GEEIGNET?

Für alle Mensch-Hund-Teams, die dem Welpen-Dasein entwachsen sind.

WAS BENÖTIGT MAN?

Mindestens 2 Menschen, den Hund, einen Gegenstand, der dem Hund namentlich nicht bekannt ist (in unserem Versuch ist es ein Stift).

ZEITLICHE BEGRENZUNG?

Keine

WIE WIRD'S GEMACHT?

Die beiden (oder mehr) Menschen stehen beieinander, der Hund ist in unmittelbarer Nähe bei ihnen, evtl. an einer etwas längeren Leine, auf welcher einer der Menschen steht. Der Hund sollte das Geschehen verfolgen (können), ohne sich zu entfernen.
Einer der Menschen hat einen Stift in der Hand, den er dem anderen zeigt und in höchsten Tönen anpreist. Dabei wird der Begriff „Stift" immer am Ende des Satzes gesprochen. Mit diesem Stift-Dialog wird der Stift hin- und hergegeben. „Oh, schau in meiner Hand den STIFT!" – „Wow, das ist aber ein toller STIFT!" – „Möchtest du ihn haben, den STIFT?" – „Ja, ich würde gern schauen nach dem STIFT!" – „Willst du ihn zurück, den STIFT?" – „Klar, denn es ist mein STIFT!" So oder so ähnlich könnte der Dialog verlaufen!
Dann wird der Stift an einen Ort gelegt, den der Hund sieht und erreichen könnte, wäre er frei. Nun widmet man sich für ein paar Minuten dem Hund, es kann ein kleines

Luna schaut interessiert zu, als ihre Menschen sich über den Stift unterhalten. Dann wird sie eine kurze Zeit anderweitig beschäftigt.

Auf die Frage: „Wo ist der Stift?" richtet sie ihre Aufmerksamkeit tatsächlich wieder auf den am Boden liegenden Stift! Neues Wort gelernt!

Nach dem Wort „Stift" lernt Luna gleich noch das Wort „Zollstock".

Auch das klappt und schon hat Luna neue Wörter gelernt.

Spiel erfolgen, ein kurzes Nach-draußen-Gehen oder man verlässt einfach nur mit dem Hund zusammen das Zimmer oder den aktuellen Bereich.
Nach Rückkehr an den Ausgangsort fragt man den Hund: „Wo ist der Stift?“

WAS KANN MAN BEOBACHTEN?

Die meisten Hunde haben durch diesen kurzen Dialog bereits offenbar eine Vorstellung bekommen, was der Mensch als Stift bezeichnet und mit diesem Wort meint. Sie schauen oder gehen konkret in die Richtung, wo der Stift abgelegt wurde! Hier kommen verschiedene Fakten zum Tragen: Bereits im Aufbau „Begeisterung“ haben wir sehen können, dass auch unsere Hunde sich für Dinge begeistern lassen, denen wir besondere Aufmerksamkeit schenken. Da wir hier aber keine unmittelbare Konfrontation mit dem Stift zugelassen haben, sondern zwischen Ablegen des Stifts und Befragung (Wo ist der Stift?) eine kurze Zeitspanne liegt, muss er sich an den Begriff erinnern und diesen mit einem bestimmten Gegenstand in Verbindung bringen.

PRINZIPIEN AUS DER KOGNITIVEN FORSCHUNG

Diese Übung verdeutlicht zwei Prinzipien der kognitiven Forschung:
Zum einen finden wir hier eine Lehrmethode, die als „**Modell-Rivalen-Methode**“ bezeichnet wird. Beobachtungslernen funktioniert nämlich besonders gut, wenn ein Sozialpartner als scheinbarer Rivale an einer Handlung oder einem Gegenstand besonders viel Interesse zeigt oder dafür überschwänglich gelobt oder belohnt wird. Dann möchte man dieses Lob, diese Belohnung oder Begeisterung auch haben und strengt sich besonders an.
Zum andern finden wir hier das Lernprinzip der sogenannten schnellen Verknüpfung („**fast mapping**“), mit der Begriffe und Objekte oder Handlungen gelernt werden. Neuere Untersuchungen von Hunden in MRT-Magnetresonanzröhren (die übrigens auch durch Beobachtung eines Modell-Rivalen, also eines dafür besonders belobigten Vorturnhundes, eingewöhnt wurden) zeigen, dass es im Gehirn des Hundes an der gleichen Stelle ein Worterkennungszentrum zu geben scheint wie beim Menschen. Wichtig ist, dass der entscheidende Begriff am Ende des Satzes steht, also wie man beim Rundfunk sagt, „auf Punkt gesprochen“ wird (also Stimme leicht absenken, mit kurzer Pause vor den Wörtern sprechen). Das gilt übrigens auch für Signale. Inzwischen zeigen Hirnscanuntersuchungen, dass bei menschlicher Wortsprache sehr wohl auch eine Region im Großhirn des Hundes aktiv wird, in der bei uns das Wortverständnis liegt. Aber nur bei sinnvollen Worten, nicht bei belanglosem Blabla!

BEDEUTUNG FÜR DEN MENSCH-HUND-ALLTAG

Dieser Aufbau verdeutlicht, dass Hunde durchaus zuhören und Rückschlüsse ziehen (können!). Deshalb muss man sich gar nicht so wundern, wenn sie vieles mitbekommen und entsprechende Reaktionen zeigen.
Aber der Durchgang belegt auch, wie Lernsequenzen aufgebaut werden sollten, damit sie wirklich vom Hund erfasst werden können. Da wir Menschen gern zu Redeschwall und ausschweifenden Verbalergüssen neigen, verschwindet das, was wir eigentlich vermitteln möchten, irgendwo zwischen den Worten – und wird regelrecht ÜBERhört: „Würdest du denn bitte SITZ machen und endlich zur Ruhe kommen?“– „Leg dich mal da hin und mach PLATZ und sei fein artig, damit wir dich alle lieb haben können!“, „Jetzt kommst du aber sofort HIERHER und rast nicht erst zu Emma zum Spielen!“

DER GEIZHALS UND DER SPENDIERHOSENTRÄGER

VORBEREITUNG

FÜR WEN GEEIGNET?

Für alle Mensch-Hund-Teams gleichermaßen geeignet, der Hund sollte aber zumindest schon im Junghundalter sein.

WAS BENÖTIGT MAN?

3 Hilfspersonen zusätzlich zum Menschen, Hund, 2 Stühle für die Bequemlichkeit, ein paar Leckereien nach Geschmack für die Menschen (Kekse, Kuchen, Gummibärchen, Käse, Wurst o. Ä.)

ZEITLICHE BEGRENZUNG?

Keine

WIE WIRD'S GEMACHT?

DURCHGANG MIT ESSBAREM

Zwei Hilfspersonen sitzen sich in einigem Abstand (5 – 8 Meter) gegenüber. Beide haben etwas zu Essen in der Hand und genießen dies offensichtlich. Einer wird den Geizhals spielen, der die Bitte um Abgabe von der Leckerei brüsk ablehnen wird. Der andere hat die Spendierhosen an und wird gern und bereitwillig seine lukullischen Schätze teilen. Der Hundebesitzer, dessen Hund von einer Hilfsperson am Ausgangsort festgehalten wird, geht abwechselnd von der einen zur anderen Person und bittet um ein kleines Stück. Wenn die Bitte abgelehnt wird, verzieht er sich bedröppelt und traurig. Wenn ihm etwas gegeben wird, freut er sich und ist glücklich.
So geht der Hundebesitzer insgesamt drei Mal hin und her, jeweils mit kurzem Zwischenstopp am Ausgangspunkt, wo sein Hund ebenfalls steht, aber nicht angesprochen oder beachtet wird. Der Bittende bekommt etwas, wird abgewiesen, bekommt etwas, wird abgewiesen, bekommt etwas, wird abgewiesen (oder umgekehrt mit Abweisung beginnend, das spielt keine Rolle!). Dann geht er zum Ausgangspunkt zurück. Nun wird der Hund losgelassen. Wo geht er hin?

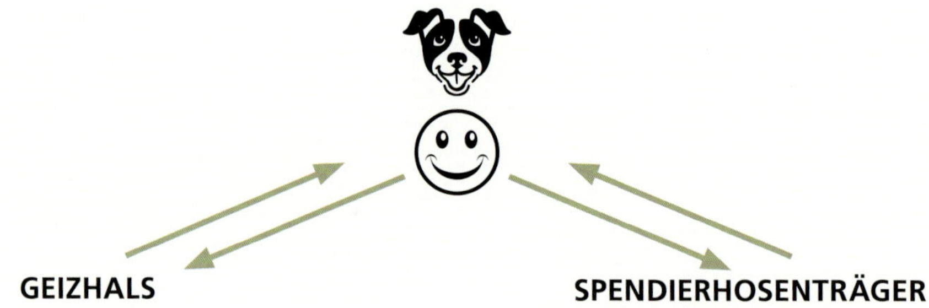

Nach den Läufen des Hundebesitzers sollten die zwei sitzenden Personen den Platz wechseln, sonst kann man nicht herausfinden, ob der Hund die Person oder nur die Richtung wählt.

Der Hundebesitzer wird von der einen Person freundlich begrüßt, …

DURCHGANG MIT SOZIALKONTAKT

Zwei Hilfspersonen sitzen sich in einigem Abstand (5 – 8 Meter) gegenüber. Einer wird den distanzierten Eigenbrödler spielen, der die freundliche Begrüßung des Hundebesitzers unwirsch abweisen und den Menschen verscheuchen wird. Der andere „Schauspieler“ wird das Herannahen des Hundebesitzers erfreut registrieren, diesen warmherzig begrüßen, evtl. umarmen und begeistert empfangen. Der Hundebesitzer, dessen Hund von einer Hilfsperson am Ausgangsort festgehalten wird, geht auch hierbei abwechselnd von der einen zur anderen Person. Wird er abgewiesen, verzieht er sich bedröppelt und traurig. Wird er herzlich empfangen, freut er sich und ist glücklich.

So geht der Hundebesitzer insgesamt drei Mal hin und her, jeweils mit kurzem Zwischenstopp am Ausgangspunkt, wo sein Hund ebenfalls steht, aber nicht angesprochen oder beachtet wird. Nach dem dritten Hin und Her wird der Hund losgelassen. Wo geht er hin?

… von der anderen vertrieben. Wie entscheidet sich der Hovawart?

Ohne zu zögern, geht er zu der freundlichen Person und wirft der anderen noch einen „vernichtenden“ Blick zu.

Der Australian Shepherd schaut genau zu, wie sich die beiden Personen gegenüber seinem Menschen verhalten.

WAS KANN MAN BEOBACHTEN?

Bei diesem Aufbau gibt es eine Fülle von spannenden, witzigen, bemerkenswerten Verhaltensweisen des Hundes zu sehen. Fast alle Hunde gehen zu der spendablen Person, meiden aber den Geizhals. Sie verlangsamen in der Nähe des Geizigen, manche ducken sich sogar etwas ab oder laufen mit einem deutlich sichtbaren Bogen um den Geizhals herum. Es gibt auch Hunde, die in etwas Abstand zum Geizigen stehen bleiben, sich aufplustern und groß machend verharren, den Geizigen fixieren oder sogar leicht anknurren. Es vermittelt den Eindruck, als wollten sie signalisieren: „So geht man mit meinem Menschen nicht um, nimm dich in Acht!" Der Spendable hingegen wird mit Begeisterung und Elan begrüßt, natürlich auch in der Hoffnung, hier selber vielleicht auch etwas ergattern zu können.

Eindeutig entscheidet er sich für den netten, spendablen Menschen. Der ist ihm so sympathisch, dass er regelrecht aufdringlich wird.

Dabei behält er jedoch den unfreundlichen Zeitgenossen fest im Blick.

BEDEUTUNG FÜR DEN MENSCH-HUND-ALLTAG

Dieser Aufbau macht deutlich, dass Hunde ihre Umwelt beobachten, Stimmungen aufgreifen und bewerten, ihr Verhalten situativ ausrichten und anpassen. Einem Teilnehmer unserer Seminare wurde durch diesen anschaulichen „Versuch" klar, warum der gut erzogene und vorher nie bettelnde Hund plötzlich zum Tisch kommt und erwartungsvoll in die Runde schaut (in der Familie wurde vor einiger Zeit ein Kind geboren, welches nun in dem Alter war, dass es am Tisch im Hochstuhl sitzend mit Brei gefüttert wurde!). Ein anderer Teilnehmer berichtete ähnliche Erlebnisse, bei ihnen war die pflegebedürftige Mutter ins Haus gezogen. Und es wurde verständlicher, warum der Hund den Nachbarn, den man selber überhaupt nicht mag, auch nicht leiden kann und warum manche als gruselig empfundene Situation auch den Hund zu verstören vermag. Es wird verdeutlicht, dass die eigene innere Einstellung zu Dingen oder Personen auch den Hund und dessen Verhalten beeinflussen kann. Das Wissen um diese Tatsache ist bei der Anleitung und Erziehung durchaus von Bedeutung. Unheimliche Dinge verlieren unter Umständen ihren Gruseleffekt, wenn der Mensch völlig normal damit um- oder daran vorbeigeht, fremde Personen werden „harmloser", wenn der eigene Mensch sich freundlich bis herzlich mit diesen auseinandersetzt. Vieles kann durch das Vorleben beeinflusst werden, positiv wie negativ!

WEITERE BEISPIELE FÜR DIE BEOBACHTUNGSGABE

Die Beobachtungsgabe der Hunde gegenüber fremden Personen wurde auch schon in anderer Situation nachgewiesen:
Spielen ein Mensch und ein Hund miteinander, ein fremder Hund schaut zu und der spielende Mensch tut mit der Zeit so, als ob das Spiel in Ernst umschlägt, dann mag der Beobachterhund hinterher mit keinem der beiden spielen, egal, wer verliert oder gewinnt. Spielen beide lustig und fröhlich, mag der Beobachterhund hinterher mit beiden spielen, egal, wer verliert oder gewinnt.
Begegnet ein fremder Mensch dem Mensch-Hund-Team und der Hundehalter reagiert freundlich, dann reagiert auch der Hund positiv. Reagiert der eigene Mensch mit Rückzug, orientiert sich der Hund stärker an seinem Menschen (Blickkontakt etc.) und ist ebenfalls mindestens skeptisch. Rüden sind hier etwas unabhängiger von ihrem Menschen in der Reaktion als Hündinnen, molossoide Rassen etwas unabhängiger als Hütehunde.
Stimmungsübertragung ist also auch im Alltag in sozialen Zusammenhängen wichtig!

Hunde sind exzellente Beobachter! Und sie bewerten ihre Beobachtungen und richten ihr Verhalten daran aus.

DER ZAUN

Der Zaunaufbau darf getrost als einer der klassischen Tests aus der kognitionsbetreffenden Verhaltensforschung bezeichnet werden. Hierbei steht Futter z. B. im vorderen Bereich eines V-förmig aufgestellten Zauns, der Hund befindet sich auf der anderen Seite. Ein Demonstrator (das kann der Mensch oder ein Hund sein) zeigt den Weg zum Futter. Was macht der Hund? Der Hund muss nun komplex denken und er muss eine Vorstellung von seiner eigenen Stellung im Raum haben. Beim V-Zaun muss er sich zuerst vom Futter entfernen, um es dann letztlich erreichen zu können. Miklósi spricht hier vom „Umweg nach innen". Andere Zaunaufbauten offenbaren weitere Lösungsstrategien! Die Fähigkeit zum Beobachtungslernen war auch eines der ersten Gegenargumente, dass Hunde nicht nur bei unmittelbar folgender Konsequenz innerhalb weniger Sekunden etwas lernen.

VORBEREITUNG

FÜR WEN GEEIGNET?

Für alle Mensch-Hund-Teams gleichermaßen geeignet. Der Aufbau lässt sich mit Welpen ebenso durchführen wie mit Senioren, auf körperliche Gebrechen kann Rücksicht genommen werden. Mit Hunden, die leicht über den Zaun springen würden, sollte man aufgrund möglicher Verletzungsgefahren den Aufbau nicht machen oder nur mit Zaunelementen arbeiten, die in Höhe und Stabilität das Überspringen verhindern/aushalten.

WAS BENÖTIGT MAN?

Mensch, Hund (zumindest etwas futter- oder objektmotiviert), Futterschüssel, Futter, Zaunelemente (stabil und in Varianten)

ZEITLICHE BEGRENZUNG?

Keine

Versuchsaufbau mit V-Zaun

Cooper entdeckt das Spieltau im Zaundreieck.

Er pendelt zuerst im Spitzenbereich des Zauns von links nach rechts ...

... und dann wieder zurück.

WIE WIRD'S GEMACHT?

Versuchsaufbauten mit dem V-Zaun Die stabilen (!) Zaunelemente werden V-förmig aufgestellt. Jeder Schenkel sollte eine Länge von mindestens 5 Metern haben. Eine Sicht durch den Zaun ist möglich.

VARIANTE 1

Der Hund wird von einer Hilfsperson in einiger Entfernung festgehalten und sieht nicht, wie der Mensch eine duftende, gut gefüllte Futterschüssel oder ein begehrtes Spielzeug innen im V in 50 – 100 cm Entfernung zur Spitze abstellt. Nun holt der Halter seinen Hund und wartet, bis dieser bemerkt, dass hinter dem Zaun etwas Tolles ist. Etwas begriffsstutzigen Gesellen kann man es auch anzeigen. Dann wird der Hund an der Spitze des Vs losgelassen. Was macht er, findet er den Weg um den Zaun herum?

KEINE SIGNALE!

Der Hund sollte bei den Zaun-Tests keine Bleib-Anweisung erhalten, sondern nur von der Hilfsperson festgehalten werden. Hunde, die eine Bleib-Position zugewiesen bekommen, verharren evtl. im Gehorsam und agieren nicht selbstständig, um sich auf den Weg zum Futter zu machen. Hunde, die sich grundsätzlich nicht eigenständig vom Besitzer entfernen, müssen eine Freigabe erhalten.
In diesem Aufbau geht es nicht um Gehorsam bzw. dessen Überprüfung, sondern um das Erleben von Hundeverhalten und hundlichen Problemlösungsstrategien.

Cooper verfolgt aufmerksam seinen Menschen.

Er prägt sich den Weg ein …

VARIANTE 2

Der Hund wird von einer Hilfsperson festgehalten und schaut zu, wie der Mensch am Zaunschenkel entlang und um den Zaun herumgeht und eine Futterschüssel innen in 50 – 100 cm Entfernung zur Spitze abstellt. Dann geht der Mensch den gleichen Weg wieder zurück und stellt sich kommentarlos neben den Hund auf seine Ausgangsposition. Die Hilfsperson lässt den Hund frei. Was macht er, welchen Weg wählt er?

… und läuft zügig um den Zaun zum Futternapf.

VARIANTE 3

Der Hund befindet sich (angeleint oder sanft festgehalten) bei seinem Besitzer und schaut zu, wie ein Hund am Zaunschenkel entlang, und um den Zaun herumläuft und aus einer Futterschüssel, die innen in 50 – 100 cm Entfernung zur Spitze abgestellt ist, frisst. Nach dem Fressen wird der Hund aus dem Zaun herausgeführt, die Schüssel wieder aufgefüllt. Der zuschauende Hund wird freigelassen. Was macht er, welchen Weg wählt er?

VARIANTE 4

Der Hund wird in der Spitze des Zauns abgesetzt, die Futterschüssel steht VOR der Zaunspitze. Dem Hund wird das Futter freigegeben (z. B. mit „Nimm's!"). Was macht er? Versteht er es, dass er zuerst vom Futter weglaufen muss, um zu ihm zu gelangen?

VARIANTE 5

Der Hund wird in der Spitze des Zauns so abgesetzt, dass der Mensch vor der Zaunspitze und der Hund innerhalb des Zauns sich anschauen. Nun wird der Hund abgerufen. Was macht er? Versteht er es, dass er zuerst vom Menschen weglaufen muss, um zu ihm zu gelangen?

Auch ein Hund kann ein Demonstrator sein.

WAS KANN MAN BEOBACHTEN?

Viele Hunde zeigen das typische „Pendeln": Sie laufen entlang der Außenseite des Zauns bis auf Höhe der abgestellten Futterschüssel und zurück zur Spitze. Danach geht es evtl. auf der anderen Seite entlang bis Höhe Futterschüssel und wieder zurück. Das kann durchaus einige Male hin und her gehen, bis der Hund sich einen Ruck gibt und weiter wegläuft, um den Weg um den Zaun zu finden. Der Weg von innen nach außen zum Futter oder zum Menschen klappt in der Regel einfacher und zügiger, weil der Hund das Futter bzw. den Menschen direkt im Blick hat. Sehr selbstständige Hunde sind etwas schneller und wählen auch eher den Weg nach eigenem Belieben, wobei etwas vorsichtigere oder auch jüngere Hunde sich häufiger an dem Weg orientieren, den zuvor der Mensch gegangen ist. Somit bietet der Zaun-Test durchaus auch Möglichkeiten, etwas über die grundsätzliche Mensch-Hund-Beziehung (traut sich der Hund, etwas auszuprobieren, oder „bittet" er gleich seinen Menschen um Hilfe) und die Persönlichkeit und das Selbstbewusstsein des jeweiligen Hundes (geht er den vorgezeigten Weg oder sucht er sich seinen eigenen?) zu erfahren.

Aufbau Variante 5

Cooper muss zurücklaufen, um

zum Menschen zu gelangen.

Der Hundehalter stellt den Napf hinter den Zaun.

Cooper beobachtet das Geschehen genau.

WIE WIRD'S GEMACHT?

Versuchsaufbauten mit dem L-Zaun

Die stabilen (!) Zaunelemente werden L-förmig aufgestellt. Der kurze Schenkel ist mind. 1 Meter lang, der lange mind. 3 Meter.

VARIANTE 1

Der Hund befindet sich in ca. 2 Meter Entfernung mittig vor dem kurzen Schenkel des Zauns, der lange Schenkel verläuft vom Hund weg. Eine Sicht durch den Zaun ist **nicht möglich**. Der Hund sieht, dass der Mensch hinter dem Zaun eine Futterschüssel abstellt (alternativ kann es mit einem begehrten Spielzeug, welches abgelegt wird, gemacht werden!). Nach Rückkehr des Menschen wird der Hund freigelassen. Welchen Weg wählt er?

VARIANTE 2

Der Hund befindet sich in ca. 2 Meter Entfernung mittig vor dem kurzen Schenkel des Zauns, der lange Schenkel verläuft vom Hund weg. Eine Sicht durch den Zaun **ist möglich**. Der Hund sieht, dass der Mensch hinter dem Zaun eine Futterschüssel abstellt (alternativ kann es mit einem begehrten Spielzeug, welches abgelegt wird, gemacht werden!). Nach Rückkehr des Menschen wird der Hund freigelassen. Welchen Weg wählt er?

WAS KANN MAN BEOBACHTEN?

Dieser Aufbau wurde bereits 1983 von Nathalie Chapuis u. a. veröffentlicht und ausgewertet. Nach ihren Ergebnissen wählten drei Viertel der getesteten Hunde den direkten Weg zum Futter, wenn der Zaun blickdicht war. War der Zaun hingegen blickdurchlässig, lag die Verteilung des gewählten Wegs bei ca. 1:1. Die Erklärung dafür war, dass die ständige Sichtung des begehrten Futters das Verhalten kontrolliert und die Wahl des Weges beeinflusst.
Auch Umwege, die die Hunde vorher beim Erkunden genommen hatten, verfolgen sie nur dann im Testlauf wieder, wenn der Zaun durchsichtig ist. Ist der Zaun aber undurchsichtig, so verrechnen sie intern im Kopf die vorher erkundeten Landmarken, um den für sie kürzesten Weg zum Ziel zu konstruieren! Eine Fähigkeit, die man Pfad-Integration nennt.

Er wählt zuerst den Weg seines Menschen.

Doch dann dreht er und nimmt den kürzeren Weg.

Nichts wie hin zur Schüssel!

VERSUCHSAUFBAU MIT GERADEM ZAUN

Die stabilen (!) Zaunelemente werden geradlinig aufgestellt. Die Gesamtlänge sollte mind. 6 Meter haben. Der gesamte Zaun ist blickdicht, lediglich in der Mitte befindet sich ein „Fenster", welches geöffnet (Durchsicht möglich) oder geschlossen (keine Durchsicht möglich) ist.

VARIANTE 1

Der Zaun steht vor dem Menschen und seinem Hund, das „Fenster" ist deutlich sichtbar geöffnet. Hinter dem Fenster wird Futter (vom eigenen Menschen oder von einer Hilfsperson) abgestellt. Der Hund und der Mensch sind so positioniert, dass sie die Futterschüssel durch das Fenster sehen können. Der Mensch fixiert das Futter. Was macht der Hund?

Der Shepherd spiegelt zuerst das Verhalten seines Menschen und schaut ebenso gebannt durch das „Fenster" wie der Mensch.

Die Sache wird ihm dann aber etwas merkwürdig, er zeigt Signale von Verunsicherung und meidet.

Nach einer Weile erhebt er sich deutlich verlangsamt, geht auf das Fenster zu …

… und verschwindet auf kürzestem Weg durchs Loch zum Futter.

Das Futter wird um den Zaun herumgebracht und hinter dem „Fenster" abgestellt.

Der Berger des Pyrénées läuft auf das „Fenster" zu, …

… meidet aber den Durchgang und wendet sich zuerst wieder seinem Menschen zu.

Als er keine Reaktion erzielt, läuft er am Zaun entlang…

… und um ihn herum zum Futter.

VARIANTE 2

Der Zaun steht vor Mensch und Hund, das „Fenster" ist geschlossen. Hinter dem Fenster wird Futter (vom Halter oder von einer Hilfsperson) abgestellt, Hund und Mensch sind so positioniert, dass sie auf das geschlossene Fenster blicken können. Der Mensch fixiert das Fenster. Was macht der Hund?

WAS KANN MAN BEOBACHTEN?

Bei den meisten von uns beobachteten Hunden war deutlich zu erkennen, dass die Annäherung an das Futter bei geöffnetem Fenster eher über Umwege, langsamer, etwas „beiläufig" bis vermeintlich gespielt „zufällig" erfolgte, während bei geschlossenem Fenster der direkte und kürzeste Weg mit deutlich erhöhter Geschwindigkeit gewählt wurde. Damit decken sich im Prinzip die von Chapuis getätigten Aussagen mit unseren Beobachtungen!

ORIENTIERUNG AN EINEM ANDEREN HUND

Hunde folgen auch einem fremden Demonstratorhund, aber das geschieht in Abhängigkeit zu ihrer sozialen Position:
Einzelhunde folgen einem fremden Hund als Demonstrator ähnlich gut wie dem Menschen. Ebenso gilt dies für rangtiefe Hunde in einer Mehrhundehaltung.
Ranghohe dagegen folgen dem hundlichen „Vorturner" viel weniger erfolgreich als dem menschlichen.
Die Erklärung ist hier wohl nicht, dass ranghohe Hunde dümmer sind als rangtiefe (das wäre wieder menschliches, nicht hundliches Sozialsystem), sondern dass ein ranghoher Hund insgesamt sich für fremde Hunde weniger interessiert. Er macht seine eigenen Erfahrungen und benötigt bei Problemen seltener Hilfestellung. Auch auf fremde Duftmarken erfolgen nachgewiesenermaßen unterschiedliche Reaktionen in Korrelation zu individuellen Rangpositionen.

Bei geschlossenem „Fenster" ist viel mehr Dynamik im Hund.

Er läuft wesentlich zielstrebiger und flotter um den Zaun.

Sein Weg führt direkt zum Futternapf.

Steht die Schüssel zu dicht am Zaun, lassen sich auch alternative Lösungsstrategien entwickeln.

SELBSTBEHERRSCHUNG

Neben dem Aspekt des Beobachtungslernens wird aber dieser Versuch eben auch für das Thema Selbstbeherrschung und Bedürfnisaufschub verwendet. Es fällt Hunden, aber auch vielen anderen Tierarten leichter, sich vom Objekt der Begierde wieder zu entfernen, wenn dieses in größerer Entfernung, also nicht direkt hinter dem Zaun steht. Im anderen Fall bleiben sie oft genau auf Höhe der Schüssel stehen, wie magnetisch von ihr angezogen, und kommen nicht auf die Idee, sich weiterzubewegen, um dann das Ende des Zaunes zu finden. Das gilt übrigens auch für menschliche Kleinkinder!

In Vergleichsuntersuchungen auch zu diesem Versuch ergaben sich Rasseunterschiede in der Latenzzeit, also der Zeit bis zum Loslaufen, und der Rate des Rückorientierens zum Menschen. Auch hier war wieder die frühere Arbeitsweise der Rassen (selbstständig oder durch Einweisen seitens des Menschen) ein beeinflussender Faktor.

Einfach Zunge durch das Gitter, und schon ist man beim Futter angelangt.

ZEIGEGESTEN

WISSENSCHAFTLICHE BETRACHTUNG

Das Nutzen von Zeigegesten ist im Umgang mit Hunden in vielerlei Hinsicht bekannt. Reguläres Zeigen im Sinne von „Schau dort", in Bezug auf das Weisen von Richtungen (z. B. Hütehundarbeit) oder Gegenständen (z. B. beim Apportieren) oder einfach beim Nutzen von Sichtzeichen für bestimmte Anweisungen wie „Sitz" oder „Platz", sind ständig im Einsatz. *„Hunde verstehen menschliche Zeigegesten wie eineinhalb bis zwei Jahre alte Kinder."* (Ádám Miklósi im Vorwort zu Ulrike Halsband, „Gehirn, Intelligenz und soziales Verhalten von Hunden", S. 3, LIT Verlag Berlin, 2014).

DAS BESONDERE TALENT DER HUNDE

Viele Untersuchungen belegen, dass Hunde menschliche Zeigegesten verstehen und entsprechend reagieren und handeln. Affen sind hier im Vergleich deutlich „begriffsstutziger". In einer Studie von Juliane Bräuer u. a. (2006) erwiesen sich 21 Hunde im Vergleich zu 16 Menschenaffen als deutlich pfiffiger, wenn es darum ging, Zeigegesten zu entschlüsseln und die dadurch angezeigte Belohnung zu ergattern. Der Grund für das bessere Abschneiden wird in dem engeren Zusammenleben von Hund und Mensch vermutet. Die Vermutung wird bestärkt durch die Tatsache, dass bei vergleichenden Tests Affen, die von Menschen aufgezogen wurden, ebenfalls korrekter Zeigegesten entschlüsseln als Affen, die bei ihren eigentlichen Artgenossen groß wurden. Auch Wölfen ist diese Form der Kooperation mit dem Menschen eher fremd, selbst wenn sie von Menschen aufgezogen wurden, wie Untersuchungen diverser Forscher zeigen. Von wissenschaftlicher Seite wird auch darauf hingewiesen, dass die Ausrichtung des Körpers als kommunikatives Mittel (z. B. bei der Futterortung) bei Caniden durchaus eine gängige Praxis ist. So besteht eventuell auch die Assoziation, den ausgestreckten Körperteil (Arm, Hand, Finger) des Menschen mit der körperlichen Ausrichtung bei Artgenossen gleichzusetzen. Allerdings wird z. B. ein ausgestrecktes Bein oder die Zeigegeste mit einem Fuß wesentlich schwerer korrekt gedeutet!

AUFZUCHT UND RASSE

Miklósi berichtet, dass die Fähigkeit zum Entschlüsseln von Zeigegesten völlig unabhängig vom Geschlecht und von den Haltungsbedingungen (Wohnungs-, Zwinger-, Grundstückshaltung) ist und auch nicht durch Trainingserfahrungen beeinflusst wird. Bemerkenswert sind die von verschiedenen Arbeitsgruppen gefundenen Unterschiede je nach Aufzuchtbedingungen: Welpen,

die menschennah in guten Zuchtstätten aufwuchsen, reagierten auf Zeigegesten durchschnittlich schon ab der 10. Woche, im Tierheim geborene Welpen ca. mit 16 Wochen, sogenannte Straßenhundewelpen mit ca. 24 Wochen – und australische Dingos, die ja als sogenannte Urtyphunde wieder verwilderten, erst im Alter von einem Jahr. Auch auf Zähmbarkeit und Menschenvertrauen selektierte Farmsilberfüchse schaffen diese Aufgabe.
Auffallend ist auch der Zusammenhang zwischen der früheren Arbeitsgeschichte (Rassen, die mittels direkter Einweisung durch den Menschen gearbeitet haben wie z. B. Hüte- oder Apportierhunde, schaffen es leichter) und der Kopf- bzw. Schädelform (kurzschnauzige Hunde mit eingedrückter Nase können es besser, wahrscheinlich aufgrund einer anderen Netzhautanatomie). Bei vermehrt zu eigenständigem Handeln neigenden Hundetypen ist das Einsetzen von Zeigegesten, wie im Anschluss beschrieben, bereits ab Welpenalter durchaus sinnvoll.

Der Hund macht dadurch immer wieder die Erfahrung, dass ihm das genaue Beobachten und Beachten des Menschen und das Reagieren auf ihn Vorteil und Erfolg bringen. So werden das Interesse an Kooperation und der Teamgeist geweckt, was sich im Alltag in verschiedenster Beziehung als Segen erweisen kann.

VORBEREITUNG

FÜR WEN GEEIGNET?

Übungen und Aktionen mit Zeigegesten sind für jedes Mensch-Hund-Team gleichermaßen geeignet. Alter, Typ, eventuelle Gebrechen oder Einschränkungen können entsprechend berücksichtigt werden, stellen aber kein grundsätzliches Hindernis dar.

WAS BENÖTIGT MAN?

Mensch, Hund, beliebige, für den Hund interessante und begehrte Objekte oder Futter – nach Belieben.

Bereits sehr junge Hunde reagieren gern und gut auf Zeigegesten.

Nur in einer Schüssel ist Futter – und auf die zeigt der Mensch.

WIE WIRD'S GEMACHT?

BASISAUFBAU

(Nur als Einstieg! Auch bestens geeignet in der Welpenanleitung)
Eine Futterschüssel mit ein paar tollen Leckereien (alternativ ein begehrtes Spielzeug) wird auf den Boden gestellt. Der Hund wird geholt und zwei Armlängen von Schüssel oder Objekt entfernt positioniert (sitzend oder stehend). Gerade Welpen und Hunde, die (noch) nicht sicher in der abgefragten Position verbleiben, werden leicht (!) am Halsband, Geschirr oder durch „In-den-Arm-Nehmen" gesichert.
Mittels ausgestrecktem Arm samt Hand wird dann auf das „Objekt der Begierde" gewiesen. Da zu Beginn die Verlockungen noch offensichtlich sind, wird die Reaktion des Hundes (nix wie hin) rasch erfolgen. Ist der weisende Arm ausgestreckt und der Vierbeiner will losmarschieren, wird er losgelassen – und darf Erfolg haben.

In den Arm nehmen

Das Halten durch In-den-Arm-Nehmen blockiert die dem Hund zugewandte Seite für die Zeigegesten, was je nach Hund ungünstig sein kann. Es ist nämlich aus Gründen der besseren Sicht, der leichte(re)n Motivation durch Bewegungsreiz und der eindeutigeren Körpersprache zu empfehlen, die Zeigegeste mit dem Arm und der Hand zu machen, die sich auf der gleichen Körperseite wie der Hund befinden.
In der Regel sind nur wenige Wiederholungen nötig und der Hund hat verstanden, dass die Zeigegeste eine Bedeutung hat. Auf zusätzliche „Hilfen" wie verbale Signale (z. B. „Such") und auf Mitgehen des Menschen zum deutlicheren Zeigen vor Ort sollte verzichtet werden. Steht das Wunschobjekt zu Beginn nah genug, ist auch all das nicht nötig! Sehen, Ich-will-Haben, Hingehen und Aufnehmen sind dann schnell verinnerlicht und umgesetzt.

AUSFÜHRUNG DER BEWEGUNG

Die Zeigegeste selber wird durch langsames Schieben des Arms mit vorgestreckter Hand bis zur völligen Streckung gen Objekt ausgeführt. Zu schnelle, hastige Bewegungen, aber auch von oben herabfallende (wie Fallbeil oder à la Guillotine) vermögen manche Hunde – und gerade Welpen! – zu verunsichern und einzuschüchtern und sind aus diesen Gründen zu vermeiden. Langsame, fließende Bewegungen wecken eher das Interesse und die Neugierde.

STEIGERUNGEN

In der Folge wird die Entfernung langsam zunehmend gesteigert. Hierbei wirklich (gerade bei Welpen!) langsam vorgehen und nicht übermütig werden, vielleicht sogar zwischendurch den Schritt zurück (kürzere Entfernung) wählen, damit Erfolg – und dadurch Motivation! – hochgehalten werden (können).

Doch nicht nur die Distanz wird erhöht, es können auch zwei, später drei oder mehr Schüsseln mit eingesetzt werden, unter denen unterschiedliche Dinge oder auch nichts (außer unter einer) versteckt ist und die der Hund gemäß den Zeigegesten des Menschen absuchen kann und darf. Sollte der Hund sich aber gegen die Zeigegeste entscheiden und eigenmächtig die Absuche absolvieren wollen, so muss er zurückgehalten werden können. Kooperieren oder nichts erhalten, das ist die Wahl und nicht eigenständiges „try & error"!

Kurzzeitige Anzeige

Nach dem Basisaufbau wird die Zeigegeste auch wirklich nur als kurzzeitiges Anzeigen (Hindeuten) ausgeführt, der Hund aber erst losgelassen, wenn die zeigende Hand (alternativ der Fuß oder der Target) wieder in der Ausgangsposition ist.

VARIANTEN

Bei den möglichen Variationen können die Fantasie des Hundehalters und die Begeisterungsfähigkeit zum Mitmachen und Mitdenken des Hundes auf vielfältige Art und Weise miteinander verbunden werden. Hier in der Folge nur eine kleine Auswahl, die Sie selbst zum Ausdenken weiterer anregen soll:

— Die Zeigegeste wird nicht mit der Hand gemacht, sondern mit einem Target (Targetstab, aber auch Kochlöffel, Fliegenpatsche, Dübelstab o. Ä.)
— Die Zeigegeste wird mit dem Bein/dem Fuß gemacht.
— Das Anzeigen erfolgt über deutliche Körperwendung in die entsprechende Richtung.
— Das Anzeigen erfolgt über Blick in die entsprechende Richtung (siehe auch Testaufbauten und Ausführungen zum Blickkontakt, S. 30).
— Das Anzeigen erfolgt durch eine Fremdperson (mittels Hand, Bein, Target o. Ä.)

Hier erfolgt das Anzeigen durch das Hingehen und ein deutliches Weisen durch den Besitzer.

Nach dem Loslassen läuft der Hund zielstrebig zur angezeigten Schüssel.

Er läuft richtig und findet die Leckerchen.

KOPPLUNG DER ZEIGEGESTE MIT EINER BESONDERHEIT

Eine schöne Variante ist die Kopplung von der Zeigegeste mit einer Besonderheit. Die Besonderheit kann eine bestimmte Form (anders als die anderen), eine bestimmte Farbe (anders als die anderen) oder auch eine Markierung (nur einmal, die anderen haben diese Markierung nicht) sein.

Aufbau: Form

Drei undurchsichtige, in der Form unterschiedliche, aber in der Farbe gleiche Plastikschüsseln stehen umgedreht nebeneinander. Der Hund befindet sich in 2 – 3 Meter Entfernung davor und wartet stehend oder sitzend auf seinen Einsatz. Unter einer Schüssel befindet sich das Futter, auf diese wird eine Zeigegeste ausgeführt. Geht der Hund zu dieser hin, hebt der Mensch die Schüssel an und lässt den Hund fressen. Dann wird der Hund weggeführt und die Position der beköderten Schüssel verändert (stand sie zuerst in der Mitte, dann wird sie nun rechts oder links aufgestellt). Neues Futter wird daruntergelegt. Nun kommt der Hund wieder dazu. Es erfolgt die Zeigegeste auf die entsprechende Schüssel. Geht der Hund hin, hebt der Mensch die Schüssel an und lässt ihn fressen. Beim dritten Durchgang steht die Schüssel an der dritten Position, Rest wie zuvor.
Der vierte Durchgang zeigt nun, ob der Hund mitdenkt und kombiniert: Er wird zu den abgestellten Schüsseln geführt, wieder ist das Futter unter der Form, unter der es bereits bei den ersten Versuchen war. Doch diesmal gibt der Mensch keine Zeigegeste als unterstützende Hilfe, sondern verhält sich völlig neutral. Kann der eigene Halter vor lauter Aufregung und Elan das nicht leisten, so kann der Hund auch durch eine vertraute Fremdperson, die selber nicht weiß, wo sich das Futter befindet, in den Testraum gebracht werden! Findet der Hund nun trotzdem das Futter sofort?

Aufbau: Farbe

Drei undurchsichtige, in der Farbe unterschiedliche, aber in der Form gleiche Plastikschüsseln stehen umgedreht nebeneinander, der Hund in 2 – 3 Meter Entfernung davor. Unter einer Schüssel befindet sich das Futter, auf diese wird eine Zeigegeste ausgeführt. Geht der Hund zu dieser hin, hebt der Mensch die Schüssel an und lässt den Hund fressen. Dann wird der Hund weggeführt, die Position der beköderten Schüssel verändert (stand sie zuerst in der Mitte, dann nun rechts oder links). Neues Futter wird daruntergelegt. Nun kommt der Hund wieder dazu. Es erfolgt die Zeigegeste auf die entsprechende Schüssel. Geht der Hund hin, hebt der Mensch die Schüssel an und lässt ihn fressen. Beim dritten Durchgang steht die Schüssel an der dritten Position, Rest wie zuvor.
Der vierte Durchgang zeigt nun, ob der Hund mitdenkt und kombiniert: Er wird zu den abgestellten Schüsseln geführt, wieder ist das Futter unter der Farbe, unter der es bereits bei den ersten Versuchen war. Doch diesmal gibt der Mensch keine Zeigegeste als unterstützende Hilfe, sondern verhält sich völlig neutral. Kann der eigene Halter vor lauter Aufregung und Elan das nicht leisten, so kann der Hund auch durch eine vertraute Fremdperson, die selber nicht weiß, wo sich das Futter befindet, in den Testraum gebracht werden! Findet der Hund nun trotzdem das Futter sofort?

Aufbau: Markierung

Drei undurchsichtige Plastikschüsseln stehen umgedreht nebeneinander, auf einer befindet sich ein uninteressanter Gegenstand, ein schwarzes Edding-Kreuz, ein aufgeklebtes Stück Filz o. Ä. Der Hund befindet sich in 2 – 3 Meter Entfernung davor. Unter der gekennzeichneten Schüssel befindet sich das Futter, auf diese wird eine Zeigegeste ausgeführt. Geht der Hund zu dieser hin, hebt der Mensch die Schüssel an und lässt den Hund

FARBWAHRNEHMUNG VON HUNDEN

An dieser Stelle muss auf die andere Farbwahrnehmung bei Hunden gegenüber Menschen hingewiesen werden: Hunde sehen im Blaubereich viel exakter und trennschärfer als wir, im Bereich Rot/Orange sehr verwaschen und grüne Gegenstände sind für sie quasi farblos, also nur als hellere oder dunklere Formen zu sehen. Es lohnt also, bei weiterer Steigerung der Schwierigkeit entweder mehrere verschiedene Blautöne gegeneinander oder zum Teil auch Grünvarianten, die der Hund dann nur als Hell-Dunkel sieht, zu wählen.

fressen. Dann wird der Hund weggeführt, die Position der bestimmten Schüssel verändert (stand sie zuerst in der Mitte, dann nun rechts oder links). Neues Futter wird daruntergelegt. Nun kommt der Hund wieder dazu. Es erfolgt die Zeigegeste auf die entsprechende Schüssel. Geht der Hund hin, hebt der Mensch die Schüssel an und lässt ihn fressen. Beim dritten Durchgang steht die Schüssel an der dritten Position, Rest wie zuvor.
Der vierte Durchgang zeigt nun, ob der Hund mitdenkt und kombiniert: Er wird zu den abgestellten Schüsseln geführt, wieder ist das Futter unter der gekennzeichneten. Doch diesmal gibt der Mensch keine Zeigegeste als unterstützende Hilfe, sondern verhält sich völlig neutral. Kann der eigene Halter vor lauter Aufregung und Elan das nicht leisten, so kann der Hund auch durch eine vertraute Fremdperson, die selber nicht weiß, wo sich das Futter befindet, in den Testraum gebracht werden! Findet der Hund nun trotzdem das Futter sofort?
Hieraus lässt sich sogar ein witziger „Partytrick“ entwickeln, der Ihre Gäste staunen lässt, wenn Sie Ihnen demonstrieren, dass Ihr Hund bestimmte Farben oder Formen voneinander unterscheiden kann!

Der Hovawart beobachtet ganz genau.

Auch die Ablenkung registriert er.

Doch er lässt sich nicht in die Irre führen.

WISSEN VERSUS KOOPERATION

Eine durchaus interessante Variante, die aber auf keinen Fall öfter gemacht werden sollte, da dadurch das Vertrauensverhältnis von Hund zu Mensch doch belastet werden kann, ist die Form der falschen Anzeige. Das bedeutet, der Hund sieht zu, wenn das Futter versteckt wird. Hierbei kann der Mensch mit anwesend sein oder auch draußen warten, je nach Mensch-Hund-Möglichkeit. Der Hund weiß also, wo das Futter versteckt ist, sein Mensch zeigt ihm aber die falsche, also nicht befüllte Schüssel mittels Zeigegeste an. Wie entscheidet sich nun der Hund?

WEITERE ABHÄNGIGKEITSFAKTOREN

Ein wichtiger Zusammenhang wurde von der Budapester Arbeitsgruppe aufgedeckt: Hunde, die in einer unsicher-ambivalenten Bindung (oft fälschlich als „zu enge Bindung" bezeichnet) zu ihrem Menschen leben, lassen sich von ihren Menschen leichter in die Irre führen als solche, die sich in einer gesicherten, stabilen Bindung befinden! Ähnlich vergleichbar zeigen auch unsicher-ambivalent gebundene Kinder ihren Eltern gegenüber weniger Selbstständigkeit.

Eine ganz neue Untersuchung aus Italien (Scandurra et al., 2019) zeigt, dass kastrierte Hündinnen bei der Zeigegestenverfolgung deutlich schlechter abschneiden und auch langsamer reagieren als intakte! Erklärbar ist das eventuell dadurch, dass die sogenannten weiblichen Hormone (speziell das Östrogen) die aktiven Bindungsstellen für das Sozialhormon Oxytocin im Gehirn beeinflussen.

Hunde mit „will to please" achten sehr auf die Menschen.

Sie lassen sich häufig leichter in die Irre führen.

Leider Pech gehabt! Der Napf ist leer.

WAS KANN MAN BEOBACHTEN?

Auch bei unseren Familienhunden sehen wir die Ergebnisse der Wissenschaftler bestätigt. Die Reaktionen auf Zeigegesten des eigenen, aber auch fremder Menschen sind eindeutig. Daraus lassen sich Kooperationswille, Aufmerksamkeit und Interesse am Menschen wecken und stärken, was besonders bei Hundetypen, die zur Eigenständigkeit neigen, von Vorteil ist. Beim Aufbau „Wissen versus Kooperation" zeigt sich deutlich der Unterschied zwischen eigenständigen Typen und den Vertretern mit der sogenannten „will to please"-Ausstattung. Die grundsätzlichere Bereitschaft zur Zusammenarbeit mit dem Menschen, die ja bei vielen bestimmten Hundetypen und -rassen über gezielte Selektion zur Schaffung und Verbesserung von benötigten und geforderten Arbeitseigenschaften führte, lässt dann doch auch schon mal das Wissen in die zweite Reihe treten. Auch wenn man (Hund) dann in der Folge in die sprichwörtliche Röhre schaut, also leer ausgeht, getreu dem umgewandelten Motto: Wissen ist Macht, wer nicht nach Wissen handelt, is(s)t nichts!

Hunde, die ursprünglich längere Zeit auf der Straße gelebt haben, dann durch Tierschutzorganisationen vermittelt wurden und sich an das Leben bei ihrem Menschen angepasst haben, agieren zum größten Prozentsatz bei diesem Aufbau nach eigenem Wissen. Sie wählen ganz gezielt die Schüssel mit dem Futter! Bei ihnen galt früher: Wissen = Überleben!

Romeo schaut gespannt zu, welches Problem sich ihm hier auftun wird.

HILFST DU MIR?

VORBEREITUNG

FÜR WEN GEEIGNET?

Für alle Mensch-Hund-Teams gleichermaßen geeignet.

WAS BENÖTIGT MAN?

Mensch, Hund, Hilfsperson, Futter oder Spielzeug, Plastikkorb oder -kiste

ZEITLICHE BEGRENZUNG?

Keine

WIE WIRD'S GEMACHT?

Der Korb oder die Kiste steht umgedreht auf dem Boden. Der Mensch steht in zwei, drei Metern Entfernung mit dabei. Der Hund sieht, wie von der Hilfsperson Spielzeug oder Futter unter den Korb/die Kiste gelegt wird. Er kann den Korb oder die Kiste nicht selbstständig anheben, sondern lediglich über den Boden schieben, was ihm das Begehrte aber nicht offeriert. Was tut er in dieser Situation? „Bittet" er seinen Menschen um Hilfe?

WAS KANN MAN BEOBACHTEN?

Bei diesem kleinen Test zeigt sich einiges Aufschlussreiches zur Persönlichkeit des Hundes, aber auch zum Mensch-Hund-Miteinander. Wie beharrlich versucht der Hund, dieses Problem allein zu lösen, und wie geht er dabei vor? Probiert er sich aus und kommt er auf verschiedene Ideen? Oder kapituliert er womöglich und stellt rasch jegliche Versuche ein, wenn er nicht sofort zum Erfolg kommt? Oder wendet er sich mittels Blick (Anschauen des Menschen), vokalisiertem Verhalten (Bellen, Winseln, Jaulen, Wuffen gen Mensch) oder taktiler Kontaktaufnahme (Anstupsen des Menschen) an seinen zweibeinigen Partner mit der Bitte, bei der Problemlösung zu helfen?

Bemerkenswert ist, dass Hunde hier auch die derzeitige Aufmerksamkeit ihres Sozialpartners offenbar gut einschätzen können: Ist der Mensch abgelenkt, schaut in die andere Richtung o. Ä., dann kommt oft ein Anstupsen oder kurzes, aufforderndes Bellen. Schaut der Mensch ohnehin zum Hund, wird oft mit Blickwechsel zwischen Mensch und Gegenstand „argumentiert". Ist es dem Hund nicht möglich, Blickkontakt herzustellen und sich mitzuteilen, wirkt er u. U. deutlich verunsichert und mit der Situation überfordert!

BEDEUTUNG FÜR DEN MENSCH-HUND-ALLTAG

Hunde sind definitiv in der Lage, ihren Menschen zu bestimmten Verhaltensweisen zu bewegen. Das kann von Hilfestellungen bis hin zu Manipulationen reichen. Wir erhalten im täglichen Miteinander viele Belege für kooperatives Verhalten, welches eine hohe soziale Komponente hat. Wo der Hund ein Problem nicht lösen kann und deshalb um Hilfe bittet, sollte er diese Hilfe auch erhalten können. Sollte der Hund aber in der Lage sein, eine Aufgabenstellung durchaus mit etwas Ausprobieren und Nachdenken selber zu entschlüsseln, so sollte sich der Mensch hier auch zurücknehmen können und seinem Hund, statt der Lösung selbst, lieber Motivation zur eigenen Lösungsfindung bieten (siehe auch „Denksport", S. 70).

Wenn es allein nicht gelingt, wird dann um Hilfe gebeten?

HILFST DU MIR, HELF ICH DIR!

VORBEREITUNG

FÜR WEN GEEIGNET?

Für alle Mensch-Hund-Teams, der Hund sollte aber mindestens im Junghundealter sein.

WAS BENÖTIGT MAN?

Mensch, Hund, ein für den Hund sehr begehrliches Objekt (Lieblingsspielzeug, Futterbeutel o. Ä.), Futter, Dose, eine Hilfsperson

ZEITLICHE BEGRENZUNG?

Keine

Wo ist das Spielzeug hin?

WIE WIRD'S GEMACHT?

VARIANTE 1

Der Mensch beschäftigt sich spielerisch ausgiebig mit dem Hund und dem Objekt. Wenn der Hund so richtig „heiß" ist, hört der Mensch auf, legt das Objekt so ab (z. B. auf einem Schrank), dass der Hund es sich nicht nehmen kann, und geht davon. Der Hund bleibt zurück (diesen Versuch in einem begrenzten Bereich durchführen). Nun geht die Hilfsperson zu dem abgelegten Objekt, spielt den Hund kurz an und legt es an einem anderen Ort ab oder zeigt dem Hund lediglich, dass sie das Objekt nimmt und an anderer Stelle versteckt. Die Hilfsperson geht, der Hundebesitzer kommt zurück. Doch was ist das? Das Objekt liegt nicht mehr am ursprünglichen Ort! Wo ist es hin, was ist passiert?

Hilft der Hund und zeigt seinem Menschen den neuen Ablageort?

VARIANTE 2

Der Hund ist allein in einem begrenzten Bereich. Eine Hilfsperson geht zu ihm, gibt ihm einige besonders schmackhafte Futterbrocken, die sich in einer Dose befinden.

Bajazzo gab den Hinweis, das Spiel geht weiter.

Dann schließt sie die Dose und versteckt sie so, dass der Hund selber nicht darankommt und verlässt den Bereich. Nun geht der Hundebesitzer zu seinem Hund. Zeigt der Hund dem Menschen das versteckte Futter an?

WAS KANN MAN BEOBACHTEN?

Manche Hunde sind völlig aus dem Häuschen, wenn der Mensch den Ort verlässt und sie zurückbleiben müssen. Dann verliert das Objekt jegliche Bedeutung und es ist auch egal, wenn die Hilfsperson es nimmt und anderswo versteckt. Dennoch erkennt man nach Rückkehr des eigenen Menschen häufig, dass sich der Hund zumindest an der Suche beteiligt, wenn er schon nicht aufgepasst hat, wo das neue Versteck ist.
Manche Hunde achten jedoch sehr genau auf das Objekt und verhalten sich nach Rückkehr des eigenen Menschen äußerst kooperativ. Leider erkennen viele Hundehalter die Zeichen ihres Fellkumpels nicht. Das Anzeigeverhalten eines Hundes, der nicht auf eine spezielle Art trainiert wurde, kann breit gefächert variieren. Von einfach nur Blick in die Richtung über Pendeln zwischen Mensch und Versteck bis deutliches Vorsitzen, womöglich mit Bellen oder Winseln – alles ist möglich. Der Mensch muss lernen, seinen Hund zu lesen! Und ihn immer wieder ermutigen, ihm, dem „dummen" Menschen, zu helfen und zu zeigen, wo das Objekt versteckt ist.

BEDEUTUNG FÜR DEN MENSCH-HUND-ALLTAG

Je älter ein Hund ist, je länger das individuelle Mensch-Hund-Miteinander andauert, umso deutlicher und verständlicher die gegenseitigen Signale. Fast jeder Hundebesitzer, der in einer langjährigen, intensiven Mensch-Hund-Beziehung lebt, weiß anhand des Blickes vom Hund, was dieser gerade mitteilen möchte. Und viele Hunde wissen, was es bedeutet, wenn der Mensch fragt: „Was willst du denn?" Dann geht es entweder zur Tür, wenn die Blase drückt, oder zur Garderobe, wenn es Zeit für einen Spaziergang ist, oder zur Leckerchendose im Abstellraum, wenn man sich etwas gönnen möchte (manch böse Zungen nennen es „Betteln") oder es wird zur Arbeitsplatte in der Küche geschaut, wo die vorbereitete Futterschüssel steht.
Bei gezielten Aufgaben wie dem Mantrailing, der Flächen- und Trümmersuche, generell Rettungsarbeiten im weitesten Sinne, aber auch bei Formen des Apportierens und natürlich beim Einsatz des Hundes zu Arbeitszwecken wie z. B. dem Hüten und Treiben, beweisen Hunde außerordentliche Fähigkeiten und auch die Bereitschaft zur Kooperation mit dem Menschen!

RANDBEDINGUNGEN

In den zugrunde liegenden Versuchen wurden noch eine Reihe von Randbedingungen getestet. So war zunächst auszuschließen, dass die Hunde einfach nur aufgeregt waren. Aber nein, nur in Anwesenheit eines Menschen als potenzieller Empfänger reagierten die Hunde. Auch zeigten sie zumindest Ansätze eines Objektverständnisses: Gab ihnen der Mensch statt des versteckten Spielzeuges einen anderen Gegenstand, setzten sie ihr Aufforderungsverhalten mit Blickwechsel, Blickrichtung usw. fort. Gab er ihnen ihr Spielzeug, wechselte ihr Verhalten dem Menschen gegenüber in eine Spielaufforderung. Waren zwei Menschen als potenzielle Ansprechpartner da, von denen der eine stets dem Hund den begehrten Keks gab, der andere ihn selber aufaß, dann wandten sich die Hunde sehr schnell fast ausschließlich dem spendablen Menschen zu. Diese Beobachtung bestätigt den Aufbau „Geizhals", S. 44.

DENKSPORT

VORBEREITUNG

FÜR WEN GEEIGNET?

Für alle Mensch-Hund-Teams gleichermaßen geeignet.

WAS BENÖTIGT MAN?

Mensch, Hund, das oder die jeweilige/n Spielzeug/e

ZEITLICHE BEGRENZUNG?

Keine

WIE WIRD'S GEMACHT?

Es gibt eine Fülle von Denksportspielen zu kaufen (oder zu basteln!). Das Angebot reicht von Schnüffelaktionen bis hin zu Knobeleien diverser Art. Wichtig ist dabei, zu beachten, dass die Spiele unterschiedliche Schwierigkeitsgrade haben können. Für völlig ungeübte Hunde sollte daher nicht die Expertenknobelei gewählt werden in der Meinung, die Zeit bringe Erleuchtung. In dem Fall bringt die Zeit eher Ernüchterung und Frustration (auf beiden Seiten) und womöglich zukünftiges Generaldesinteresse an solchen Aufgaben. Der Hund sollte zu Beginn möglichst schnell und möglichst ohne große Hilfe des Menschen zum Erfolg gelangen können, damit die Motivation zum Ausprobieren und Nachdenken geweckt und aufrechterhalten wird.

Viele Spiele sind teuer, da sie qualitativ hochwertig verarbeitet wurden. Eine gute Qualität ist durchaus wichtig, schließlich soll sich unser Knobelkünstler auf vier Pfoten nicht verletzen. Doch muss auch festgehalten werden, dass solch Spiel, ist es einmal gelöst und die Vorgehensweise verinnerlicht, schnell langweilig wird, wenn es nicht zu variieren geht. Das sollte sich jeder kaufwillige Hundebesitzer im Vorfeld klarmachen. Es kann deshalb viel mehr Spaß und Abwechslung bringen, sich in einer Art „Spielkreis" zu organisieren, Spiele untereinander auszutauschen und somit immer mal wieder etwas Neues zu haben, aber zwischendurch ruhig auch Bekanntes zu wiederholen.

WAS KANN MAN BEOBACHTEN?

Im Prinzip setzt sich jeder Hund gern mit solchen Beschäftigungsangeboten auseinander, und das sogar vom Welpenalter an. Und bringt der Mensch sich durch bloße Anwesenheit oder gelegentliche (!) Hilfestellung mit ins Geschehen ein, dann erhält das Ganze einen zusätzlichen Wohlfühlaspekt und eine soziale Gemütlichkeit. Und „Hygge" liegt ja voll im Trend! Wichtig ist eben, dass es Aufgaben sind, die der Hund zu lösen imstande ist.

Das Miteinander von Mensch und Hund in solcher Denksportsituation zu beobachten, ist durchaus aufschlussreich und interessant (siehe auch Ausführungen zu kooperativem Verhalten „Hilfst du mir?", S. 66). Wieder zeigen sich Aspekte des Umgangs miteinander, die sich auch in anderen Situationen des Alltags wiederfinden. Wie geht der Hund z. B. mit der Problemstellung um? Probiert er sich aus oder wendet er sich an seinen Menschen? Und wenn er „um Hilfe bittet", wie schnell tut er dies? Wir haben bei unseren Durchgängen durchaus Hunde erlebt, die sich als „denkfaul" erwiesen, weil ihr Mensch nur zu bereit war, jegliches effektives oder auch nur mögliches Problem im Vorfeld oder umgehend nach Auftauchen zu lösen, obwohl der Hund es auch hätte allein meistern können. In solchen Mensch-Hund-Beziehungen sah man dann in logischer Konsequenz oft den Hund, der gemäß: „Oh, ein Problem! Mensch, bitte löse es!" agierte. Manchmal stellten sie sich vermeintlich „extra dumm", damit der Mensch ihnen eiligst helfend zur Seite sprang. Durchaus eine Form von Manipulation (Hund manipuliert Mensch), derer sich der Mensch oft gar nicht oder nicht im vollen Umfang bewusst ist. Wurde solches „pseudohilflose" Verhalten offensichtlich, wurde der Mensch in der Testsituation hinaus- oder weggeschickt. Und nun zeigte sich, dass manche Hilflosigkeit nur gespielt war. Denn schleunigst wurde das Problem dann doch allein gelöst.

WICHTIGE FAKTOREN

Es gibt hier jedoch deutliche Rasseunterschiede: Rassen, die in ihrer Arbeitsgeschichte auf Selbstständigkeit selektiert wurden (z. B. Herdenschutzhunde, sogenannte Bau- und Erdhunde wie Dackel oder Kleinterrier, Meutehunde) arbeiten länger eigenständig, bevor sie menschliche Hilfe anfordern, als Hunde, die auf direkte Einweisung durch den Menschen warten (Apportierhunde, Treib- und Hütehunde).

Zudem gibt es Zusammenhänge mit der Bindungsqualität: Wer in stabiler, gesicherter Bindung zu seinem Menschen lebt (siehe S. 64) und diesen Menschen zur Seite hat, arbeitet ausdauernder.

Und es gibt einen Zusammenhang mit der Energieversorgung: Wer sich vorher schon konzentrieren musste –, z. B. durch die Ausführung eines Bleib-Signals – ist nicht so ausdauernd, es sei denn, er bekommt durch eine Handvoll weich gekochter Nudeln oder anderer schnell verdaulicher Kohlenhydrate vorab einen extra Energieschub.

Intelligenzspielzeug gibt es in vielen Ausführungen. Man kann es auch selbst bauen oder gebraucht erwerben.

DO-IT-YOURSELF–IDEEN

SCHNÜFFELRÖHREN

Im Baumarkt gibt es kleinere Abflussrohrstücke mit Deckel, alternativ verschließt man eine Seite z. B. mit Küchenkrepp oder Baumwollläppchen, also mit etwas, das der Hund selber herausziehen könnte. Die Rohre gibt es in verschiedenen Durchmessergrößen, sodass man gut variieren und seiner Fantasie freien Lauf lassen kann. In diese Rohrstücke bohrt man seitlich oder oben in den Deckel (je nach Verwendung) ein oder mehrere Löcher hinein. Eine preiswerte, aber nur für einmaligen oder kurzlebigen Einsatz geeignete Variante, ist die Verwendung von Toilettenpapier- oder Küchenpapierrollen, die ebenfalls präpariert und mit Papier oder Stoff „verschlossen" werden können. Die präparierten Rohrrollen lassen sich wunderbar zu verschiedenen Schnüffelspielen einsetzen:

1. In einer Rolle ist ein Leckerchen. Der Hund muss herausfinden, wie er es ergattern kann (von Papier- oder Stoffverschluss herausziehen bis zur kompletten Zerstörung bei Papprollen ist alles denkbar). Es können auch mehrere Rollen eingesetzt werden, in denen sich unterschiedliche Dinge befinden (von trockenem Brot bis Fleischwurst) oder mehrere Rollen, aber nur eine ist befüllt → leichter Schweregrad.
2. In einer fest verschlossenen Kunststoffrolle ist seitlich nur ein Loch angebracht, das aber groß genug ist, dass ein Futterbrocken herausfallen kann. Der Hund macht die Erfahrung, dass er durch das Rollen des Rohrstücks Futterbrocken herauskollern kann → leichter Schweregrad.

Ein Stück Plastikrohr und Stoff – schon hat man eine Denksportaufgabe für den Hund.

Knut, der Schnüffelexperte, hat das Problem schnell gelöst!

3. Mehrere Rollen liegen ausgebreitet, aber nur in einer Rolle ist etwas Leckeres. Diese soll der Hund finden und holen (apportieren) oder anzeigen (im Sinne von Zielobjektsuche) → je nach Aufbau mittlerer bis schwieriger Schweregrad.
4. In jeder Rolle ist ein Duftstoff (z. B. über Duftträger wie präparierte Wattepads oder Teebeutel). Der Hund muss einen bestimmten Duft, den er zuvor kennengelernt hat, im Sinne einer Geruchsidentifikation herausfinden → schwieriger Schweregrad.

Mit etwas handwerklichem Geschick lässt sich eine richtige Schnüffelbar einrichten.

Der Hund schnüffelt von Glas zu Glas, bis er den bestimmten Geruch gefunden hat.

Mit einem Anzeigeverhalten – hier Platz – zeigt der Hund den richtigen Geruch an.

VERLETZUNGSGEFAHR!
Alles, was den Hund zu Schnüffelarbeiten anregt, muss für die Nase auch ungefährlich sein und darf keine Verletzungsrisiken bieten! Scharfe Kanten und Ecken sind absolut tabu, ebenso zu scharfe Gerüche!

LEICHT ERREGBARE HUNDE

Aufpassen muss man bei sehr leicht erregbaren Hunden oder solchen, die schon zu Stereotypien oder ähnlicher Übererwartung neigen: Bei diesen Hunden sollte keine zu wertvolle und schmackhafte Belohnung bei Interaktionen verwendet werden, sonst droht völliges Abdrehen!

SCHNÜFFELKASTEN

Im Prinzip kann der gleiche Aufbau durchgeführt werden, wie bei den Schnüffelröhren ausgeführt. Als Schnüffelkasten eignen sich alle möglichen Kästen (mit/ohne Deckel!) aus Holz oder Kunststoff, aber als preiswerte Variante auch Schuh- oder Eierkartons aus Pappe. Aufbau wie zuvor beschrieben!

Es ist auch sehr beliebt, Schnüffelrasen und -decken selber zu nähen oder günstig zu kaufen. Es muss dringend angeraten werden, solche preisgünstigen Dinge einer gründlichen Prüfung zu unterziehen! Es wurde schon erlebt, dass Filz- oder Fleecestreifen in raue (!) Plastikmatten eingeflochten wurden, die dem Hund beim Schnüffeln die Nase aufritzten. Oder es wurde preiswertes Fleece verwendet, das zu elektrostatischen Reaktionen neigte! Hier ist Geiz nicht geil, sondern hochgradig unvernünftig und für den Hund eventuell sehr schmerzhaft.

Genau zuschauen, …

DER SCHIEBER

VORBEREITUNG

FÜR WEN GEEIGNET?

Für jedes Mensch-Hund-Team gleichermaßen geeignet.

WAS BENÖTIGT MAN?

Mensch, Hund, Futter, eine Art Käfig oder einen Korb (durch den man sehen kann), einen breiteren, festen Pappstreifen, alternativ ein dünnes Holzbrett

ZEITLICHE BEGRENZUNG?

Keine

WIE WIRD'S GEMACHT?

Der Korb oder Käfig wird umgedreht auf den Boden gestellt. Der Hund sollte sich nicht hinein- oder drunterdrängeln können, aber es muss ein Spalt oder eine Öffnung zum Boden sein, durch die etwas geschoben werden kann. Nun wird der Holz- oder Pappstreifen so positioniert, dass innerhalb des Käfigs Futter darauf abgelegt werden kann und das Ende bis nach außen reicht. Das bildet im Aufbau unseren Schieber.
Zu Beginn und bei eher etwas zögerlichen Hunden kann das Futter etwas näher an den Ausgang gelegt werden, sodass der Hund

SELBSTGEMACHTE SCHIEBER-SPIELE

Schieber-Aufgaben lassen sich mit wenig Aufwand leicht selber herstellen. In jedem Haushalt fallen Toiletten- oder Küchenpapierrollen an. Sammeln Sie diese und basteln Sie daraus ein Schieber-Spielzeug! Einfach mit einem scharfen Messer oder der Schere seitlich über ca. vier Fünftel der Breite eine horizontale Kerbe hineinschneiden. Nun eine Pappe oder ein gefaltetes Blatt Papier nehmen und in die Kerbe stecken. Fertig ist der Schieber, der das Futter erst nach unten fallen lässt, wenn er herausgezogen wird. Nun den Hund zuschauen lassen, wenn man von oben in die „Röhre" Futter fallen lässt. Dann wird dem Hund die Röhre mit Schieber entgegengehalten. Schafft der Vierbeiner es, den Schieber herauszuziehen und sich so das Futter zu ergattern?
Wer es stabiler und langlebiger haben möchte und mehr handwerkliches Geschick hat, kann sich solch eine Schieberröhre auch aus einem Stück Kunststoffrohr und mit Holzschieber bauen!

den Schieber nur ein kurzes Stück bewegen muss. Versteht der Hund den Aufbau und weiß, dass er den Schieber herausziehen muss, um an das Futter zu kommen?

WAS KANN MAN BEOBACHTEN?

Verschiedene Hunde entwickeln verschiedene Taktiken. Hier kann sowohl mit der Pfote als auch mit dem Maul gearbeitet werden. Junge Hunde neigen nicht selten zur Übermotivation bis hin zu kopflosen Hauruck-Anfällen. Ältere Hunde wiederum gehen besonnener und zielgerichteter vor und scheinen sich zuvor auch eine Taktik zurechtzulegen, die sie dann verfolgen. Bei solchen Aufgaben sieht man eine breite Palette an Verhaltensansätzen und Lösungsstrategien. Es zeigen sich verschiedenste Charakterzüge – vom Denker bis zum Tüftler.

... ausprobieren und nachdenken!

Wie kommt man ans Futter?

DIE SCHNUR

VORBEREITUNG

FÜR WEN GEEIGNET?

Für jedes Mensch-Hund-Team gleichermaßen geeignet.

WAS BENÖTIGT MAN?

Mensch, Hund, ringförmige Leckerchen, eine Art Drahtgitterkäfig, 2 Baumwollschnüre von ca. 30 cm Länge

ZEITLICHE BEGRENZUNG?

Keine

WIE WIRD'S GEMACHT?

VARIANTE 1

Der Käfig wird umgedreht auf den Boden gestellt. Ein Leckerchen wird an eine Schnur geknotet. Nun wird die Schnur so positioniert, dass der Futterbrocken innerhalb des Käfigs liegt und das Ende der Schnur nach außen reicht. Zu Beginn und bei eher etwas zögerlichen Hunden kann das Futter etwas näher an den Käfigrand gelegt werden, sodass der Hund die Schnur nur ein kurzes Stück zu ziehen hat. Erfasst der Hund den Aufbau und versteht er, dass er die Schnur herausziehen muss, um an das Futter zu kommen?

VARIANTE 2

Der Käfig wird umgedreht auf den Boden gestellt. Ein Leckerchen wird an eine Schnur geknotet. Nun wird die Schnur so positioniert, dass der Futterbrocken innerhalb des Käfigs liegt und das Ende der Schnur nach draußen reicht. **Parallel** dazu wird die zweite Schnur gelegt, an deren Ende aber kein Leckerchen angebracht ist. Versteht der Hund den Aufbau und zieht er an der richtigen Schnur?

VARIANTE 3

Der Käfig wird umgedreht auf den Boden gestellt. Ein Leckerchen wird an eine Schnur geknotet. Nun wird die Schnur **diagonal** so positioniert, dass der Futterbrocken innerhalb des Käfigs liegt und das Ende der Schnur nach außen reicht. Parallel dazu wird die zweite Schnur ebenfalls diagonal gelegt, an deren Ende aber kein Leckerchen angebracht ist. Versteht der Hund den Aufbau und zieht an der richtigen Schnur?

Bei Variante 3 kann man auch noch die Richtungen variieren (einmal beide Schnüre nach rechts geneigt, dann einmal beide nach links geneigt) oder auch den Futterbrocken mal an die rechte, mal an die linke Schnur zur Abwechslung montieren.

Die Schnur lässt sich mit dem Schieber verbinden (im wahrsten Sinne des Wortes!).

So kann der Hund erst den Schieber lernen, muss diesen aber später mittels Schnur herausziehen.

Es können Pfoten oder aber auch Zähne zum Ziel führen.

VARIANTE 4

Der Käfig wird umgedreht auf den Boden gestellt. Ein Leckerchen wird an eine Schnur geknotet. Nun wird die Schnur diagonal so positioniert, dass der Futterbrocken innerhalb des Käfigs liegt und das Ende der Schnur nach außen reicht. In zweiter Diagonale wird die zweite Schnur ohne Futter am Ende so gelegt, dass die Schnüre sich überkreuzen (X). Erfasst der Hund den Aufbau und zieht an der richtigen Schnur?

WAS KANN MAN BEOBACHTEN?

Die meisten Hunde haben es schnell raus, wie es in Variante 1 funktioniert und was sie tun müssen, um an das Leckerchen zu kommen. In der Folge verstehen sie auch die Varianten 2 und 3 recht schnell. Überkreuzen sich aber die Schnüre, haben selbst geübte Hunde große Probleme.

In derartigen Versuchen unterscheiden sich übrigens Hunde von ebenfalls handaufgezogenen Wölfen deutlich. Besonders bei einer Kooperationsaufgabe sind Wölfe viel erfolgreicher (wenn z. B. zwei Tiere parallel zueinander an jeweils einer Schnur ziehen müssen, um einen Erfolg zu erzielen).

Ein erfahrener, geübter Hund kann zwar einen unerfahrenen hier buchstäblich mitziehen, das geht bei Hunden aber nur dann, wenn sie

— einander kennen und
— eine gute Beziehung zueinander haben.

Bei Wölfen klappt es demgegenüber dann besser, wenn zwischen dem Vorturner und dem Mitläufer möglichst große Rangunterschiede liegen.

Für gute Kumpels arbeiten Hunde mit so einer Apparatur übrigens sogar dann, wenn nur die Kumpel, nicht aber sie selbst etwas bekommen.

MENGEN UNTERSCHEIDEN

VORBEREITUNG

FÜR WEN GEEIGNET?

Für alle Mensch-Hund-Teams gleichermaßen geeignet, der Hund sollte aber zumindest schon im Junghundealter sein.

WAS BENÖTIGT MAN?

Mensch, Hund, je nach Aufbau eine Hilfsperson, ein paar schmackhafte, aber eher trockene, wenig riechende Leckereien, zwei identische Schüsseln oder Teller.

ZEITLICHE BEGRENZUNG?

Keine

WIE WIRD'S GEMACHT?

VARIANTE 1

Der Mensch steht oder sitzt bei seinem Hund. In einiger, aber gleicher Entfernung befindet sich vorne rechts und links je ein Teller mit Futter. Auf dem einen ist nur eine sehr kleine Menge (ein, zwei oder drei Bröckchen), auf dem anderen Teller eine größere (mind. doppelte Menge). Der Hund wird eine Weile festgehalten, damit er sich die Auswahl in Ruhe anschauen kann. Dann wird er losgelassen und darf eigenständig zum Teller gehen. Wo bedient er sich (zuerst)?

Hunde sind in der Lage, „viel“ von „wenig“ zu unterscheiden.

Anordnung der identischen Teller mit einer kleinen und einer größeren Menge. Wo bedient sich der Hund zuerst?

VARIANTE 2

Der Mensch steht oder sitzt bei seinem Hund und hält ihn sanft fest. In einiger, aber gleicher Entfernung befindet sich vorne rechts und links je eine zugedeckte Schüssel mit Futter. In der einen ist nur eine sehr kleine Menge (ein, zwei oder drei Bröckchen), in der anderen Schüssel eine größere (ca. doppelte Menge). Die Hilfsperson deckt drei Mal abwechselnd für 1–2 Sekunden die Schüsseln auf, damit der Hund den Inhalt sehen kann. Nach dem dritten Aufdecken wird er losgelassen. Zu welcher Schüssel geht er?

VARIANTE 3

Der Mensch steht oder sitzt bei seinem Hund und hält ihn sanft fest. In einiger, aber gleicher Entfernung befindet sich vorne rechts und links je eine zugedeckte Schüssel mit Futter. In der einen sind einige Bröckchen trockenes Brot, in der anderen Schüssel eine nicht wesentlich größere Menge, jedoch qualitativ deutlich höherwertiges Futter, z. B. gekochtes, kaltes (weil dann nicht stark duftendes) Hühnchen, in Bröckchen geschnitten. Die Hilfsperson deckt drei Mal abwechselnd für 1–2 Sekunden die Schüsseln auf, damit der Hund den Inhalt sehen kann. Nach dem dritten Aufdeckdurchgang wird er losgelassen. Zu welcher Schüssel geht er?

WAS KANN MAN BEOBACHTEN?

Die deutliche Mehrzahl der Hunde entscheidet sich für die größere Menge! Offenbar haben sie eine Vorstellung von Mengen und können „zählen".
Ward und Smuts haben in ihrer Studie von 2007 zur hundlichen Beurteilungsfähigkeit von Quantität festgestellt, dass Hunde ein Verständnis für Differenzen haben, dass bei mengenmäßigen Unterschieden die Differenz aber höher liegen muss als nur „plus 1". Bei Unterschieden von mindestens „plus 2" wurde relativ sicher die höhere Menge gewählt. Auch wurde durch Studien belegt, dass Hunde qualitative Unterschiede erkennen.

AUS DER WELT DER STUDIEN

Bereits Anfang des 20. Jahrhunderts gab es Untersuchungen zum „Zahlenverständnis" von Tieren. Im Prinzip waren derartige Tests aber mehr darauf aus, den Beleg zu führen, dass hinter den Tieren mit den vermeintlich genialen Fähigkeiten Menschen standen, die die Tiere entsprechend beeinflussten. *„Besonderes Aufsehen erregten die sogenannten klugen Tiere: die Elberfelder Pferde sowie Rolf, Lumpi, Fips, Kurwenal, Isolde und – bis*

Hunde sind in der Lage, Menge und Qualität z. B. von Futter zu beurteilen. Sie beobachten sehr genau.

1938 – weitere rund 80 Hunde, die scheinbar jedes Menschenwort verstanden, rechneten, Wurzeln zogen und buchstabierten.
Auf die Frage eines Theologieprofessors „Welches ist deine Weltanschauung?" antwortete der Dackel Kurwenal: „Meine ist die eure!" – Dass diese Wundertiere nur so lange klopften oder bellten, bis ihnen ihre Besitzer, meistens unbewusst, ein Zeichen gaben, aufzuhören, ihnen also ihre eigenen Antworten diktierten, war mehrfach erwiesen. Umso entschiedener setzten sich die Gekränkten für ihre Lieblinge ein, und selbst ein Professor der Zoologie diskutierte mit Überzeugung: Die Zahlen sprechenden Hunde als Domestikationserscheinung…" (Bernhard Hassenstein in seinem Nachruf auf Otto Koehler, 1974, Zeitschrift für Tierpsychologie, Band 35, S. 449 ff.)
So musste die Fachrichtung Tierpsychologie sich auch lange gegen den Vorwurf einer Pseudowissenschaft wehren. Eigentlich interessant, dass diese Entwicklung aus den 1920er-Jahren in jüngerer Vergangenheit auch wieder Zweifler und Skeptiker hervorgerufen hat. Relativ langsam und dank steter Zunahme der wissenschaftlichen Belege gewinnt die Tierpsychologie ihre Daseinsberechtigung und Ernsthaftigkeit.

BIS ZUR ZAHL 7 …

Und doch war es der oben erwähnte Freiburger Zoologieprofessor Otto Koehler, der als Erster bereits 1928 exakt wissenschaftlich aufgebaute Zählversuche mit verschiedenen Tierarten durchführte. Füchse, Raben, Dohlen, Graupapageien und Menschen waren bei ihm am besten, sie alle zählten ungefähr bis sieben. In der weiteren Folge der Jahre gab es weitere erstaunliche Ergebnisse aus Untersuchungen mit Bienen, Fischen und sogar Amphibien. Und auch für Hunde gilt Ähnliches!
Man vermutet, dass dies auch mit der Struktur des Ultrakurzspeichers in unserem Gehirn zu tun haben könnte. Auch dieser kann ca. 7 Informationseinheiten speichern.
In Freilandbeobachtungen an sogenannten Straßenhunden hat der italienische Verhaltensbiologe Roberto Bonanni ebenfalls gesehen, dass z. B. bei Grenzstreitigkeiten unterschiedlich großer Gruppen die betei-

ligten Hunde ihr Verhalten flexibel an die Größe der eigenen gegenüber der gegnerischen Gruppe anpassten: Bis zur Zahl 4 konnten sie offenbar zählen, bei 4–7 konnten sie noch größer/kleiner abschätzen, darüber ging nichts mehr …
„The ability to represent time and space and number is a precondition for having any experience whatsoever." (**Die Fähigkeit, Zeit, Raum und Zahl darzustellen, ist eine Voraussetzung für jegliche Erfahrung.**) Dies stellt Randy Gallistel, Prof. für Psychologie an der Rutgers University und Co-Direktor des Rutgers Center for Cognitive Science, New Jersey, fest. (Ewen Callaway: Animals that count. In: New Scientist vom 20.06.2009, S. 37)

Auch wenn es nicht um das exakte Erfassen und Bearbeiten von Ziffern, sondern um das Unterscheiden und Bewerten von Mengen geht, Tiere wissen: Viel ist mehr als wenig!

BEDEUTUNG FÜR DEN MENSCH-HUND-ALLTAG

Da Hunde Mengen und Qualitäten offenbar unterscheiden können, kann man dieses Wissen z. B. in der Anwendung von Futterbelohnung nutzen. Das Erlernen neuer Dinge, das Befolgen von eher unbeliebten Anweisungen und das Lösen von schwierigeren Aufgaben können mit hochwertigerem Futter bestätigt werden.

DER KLUGE HANS!

Hans war ein Orlow-Traber, der dem Mathematiklehrer Wilhelm von Osten gehörte. Um 1900 erregte er großes Aufsehen, da sein „Herr und Meister" behauptete, die eigenen pädagogischen Fähigkeiten seien derart grandios, dass er sogar seinem Pferd Hans das Rechnen und Zählen hätte beibringen können. Durch Schlagen mit dem Huf oder Kopfschütteln oder Nicken beantwortete Hans leichtere mathematische Fragen, die ihm gestellt wurden. Und das zumeist immer richtig! Zuerst wurde vermutet, dass Hans auf geheime Zeichen seines Herrn reagierte. Doch, siehe da, die Antworten blieben korrekt, selbst wenn Wilhelm von Osten gar nicht mit anwesend war. Ein Phänomen! Ein Genius in Pferdegestalt – so dachte man.

Dem Grund auf der Spur

Eine vielköpfige Kommission aus führenden Wissenschaftlern, geleitet von dem Philosophieprofessor Carl Stumpf, wurde 1904 mit der Untersuchung dieses „Wunders" beauftragt. Ein Student Stumpfs, Oskar Pfungst, löste dann das Rätsel: Hans war zwar kein Rechengenie, aber ein genialer Beobachter der menschlichen Körpersprache. Er entschlüsselte die feinsten Nuancen seines Gegenübers in Mimik, Gestik und Körperhaltung. So nahm er wahr, wenn Menschen in eine Anspannung gerieten, kurz bevor die korrekte (!) Lösung einer Aufgabe im Raum stand. Und Hans verspürte die freudige Erleichterung, wenn er die ihm gestellte Rechenaufgabe richtig „ausgerechnet" hatte. Diese Entdeckung, dass nämlich ein Tier durch Beobachtung eines Menschen derart entschlüsseln und aufdecken konnte, beeinflusste die Wissenschaft wesentlich und führte zu weiteren Forschungsarbeiten, die sich mit Körpersprache und unbewussten körperlichen Reaktionen beschäftigten.
Der „Kluge-Hans-Effekt" hat für viele Wissenschaftszweige Bedeutung, z. B. für die Psychologie (Mensch wie andere Tiere) und die Sozialwissenschaften.

OPTISCHE UND AKUSTISCHE REIZE

Eigentlich eine typische operante Konditionierung, aber interessant und Zusammenhänge verdeutlichend.

VORBEREITUNG

FÜR WEN GEEIGNET?

Für alle Mensch-Hund-Teams, die einmal ausprobieren wollen, was in der Schule über Pawlow und Skinner erzählt wurde und wie das funktioniert. Für taube Hunde ist (bei richtiger Anwendung) der Einsatz von optischen Signalen, für blinde Hunde der von akustischen Signalen eine große Hilfe in der Kommunikation und Anleitung im Alltag.

WAS BENÖTIGT MAN?

Mensch, Hund, Futter, Stuhl, einen akustischen Signalgeber, alternativ einen optischen (Letzteres geht durchaus ein wenig in die Richtung des Versuchsaufbaus „Zeigegesten auf markiertes Objekt“, S. 62).

Akustischer Signalgeber – der Clicker.

ZEITLICHE BEGRENZUNG?

Keine

WIE WIRD'S GEMACHT?

Mensch und Hund sitzen oder stehen einander gegenüber, theoretisch kann man auch gemütlich gemeinsam auf dem Wohnzimmerteppich oder auf der Picknickdecke im Park liegen. Man kann mit einem Ton (oder optischem Signal, z. B. Lichtstrahl) arbeiten, aber auch mit zwei oder mehreren unterschiedlichen. Nehme ich z. B. ein Kinder-Xylofon zu Hilfe, könnte ich auf einen helleren Ton einen Futterbrocken geben, auf einen dunklen aber nicht (oder umgekehrt, nach Belieben). Bei Licht ließen sich ein breiter gestreuter und ein fokussierter Strahl einsetzen. Das eine Signal wird immer und in unmittelbarem Zusammenhang (zum Zeitpunkt des Auftretens) mit einem Futterbrocken oder einem sanften Sozialkontakt gekoppelt, das andere Signal ist bedeutungslos. Schnell wird der Hund die Bedeutung der unterschiedlichen Signale verstanden haben und demonstrieren, was Konditionierung ist.

WAS KANN MAN BEOBACHTEN?

Hat der Hund die Bedeutung der unterschiedlichen Signale erst einmal verstanden, wird eine bestimmte Reaktion durch das Signal ausgelöst. Man könnte natürlich das gesamte Geschehen weiter ausbauen und verschiedene Reaktionen für verschiedene Signale einüben (denken wir an Jagd- oder Hütehunde, die z. B. auf verschiedene Pfiffe verschiedene Handlungen ausführen). Der Hund lernt, sein Verhalten an dem Geschehen beim/nach dem Auftreten des jeweiligen Signals auszurichten!

BEDEUTUNG FÜR DEN MENSCH-HUND-ALLTAG

Konditionierungen laufen im Mensch-Hund-Alltag zuhauf ab, häufig ohne dass man sich dessen bewusst ist. Hunde, die Joghurtbecher ausschlecken dürfen, kennen das Geräusch des Deckelabziehens vom Joghurtbecher. Hunde, denen das Köpfchen eines hart gekochten Eies gern überlassen wird, werden durch das „Tok-Tok" des Schaleaufklopfens aus dem Tiefschlaf geweckt und setzen sich erwartungsvoll in Position. Natürlich wird das Ganze noch zusätzlich durch einen niedlich-schmachtenden wie hungernden, flehenden Augenaufschlag beeinflusst! Oder morgens die Situation, die auch viele kennen: Die Outdoorschuhe und die dicke Jacke gegriffen – und der Hund steht parat. Die Business-Sneakers angezogen, die Bürotasche unter den Arm geklemmt – und der dösende Vierbeiner schielt müde maximal mit einem Auge und rührt sich ansonsten keinen Millimeter im gemütlichen Hundebett.

FEHLKONDITIONIERUNG

Doch auch negative Auswirkungen können auf Konditionierung beruhen. Trifft der Besuch des Tierarztes immer mit Schmerz, Stress und Aufregung zusammen, so wird der Aufenthalt dort nicht als angenehm empfunden. Am besten weigert man sich zukünftig bereits vorsorglich vorm Betreten der Praxis. Hilft das nichts, so werden Fluchtpläne geschmiedet, die Psyche schlägt Alarm und der Mensch in Weiß wird vorsorglich angeknurrt.

PFEIFE UND CLICKER

Die wohl bekanntesten Konditionierungen sind die auf die Hundepfeife (Pfiff = Futter = Herbeikommen) und das Clickertraining. Letzteres beruht auf einer Konditionierung auf den Click und fällt mit unter das Arbeiten mittels Signalgeber (hier akustischer Click). Fans dieser Arbeitsweise empfehlen dies bereits für den Umgang mit Welpen, Kritiker warnen vor einer „Ver-Konditionierung" des Lebewesens. Der gesunde Mittelweg sollte beibehalten werden, doch kleine Tests zu diesen Zusammenhängen sind durchaus aufschlussreich.

OPERANTE KONDITIONIERUNG

Die hier vorgestellten Lernübungen gehören dem Bereich der operanten = instrumentellen Konditionierung (siehe auch S. 15) an, es wird eine Handlung gelernt als Folge eines vorangehenden Signals. Bei genügend oftmaliger Wiederholung kommt es schließlich im Gehirn, und zwar in den ursprünglichen, nicht bewusst agierenden Teilen des Gehirns, zu einer Neuverschaltung, wodurch dieses Verhalten dann regelmäßig abrufbar ist.

ENTSPANNUNG AUF SIGNAL

Sie können aber mit Ihrem Hund auch die klassische Konditionierung nutzen, z. B. beim Aufbau eines Entspannungsrituals. Mit langsamem, intensivem Streicheln oder sanftem Massieren arbeiten Sie so lange, bis der Hund quasi den Schlafzimmerblick bekommt. Dann verknüpfen Sie das mit einem Signalwort, z. B.: „Gaaaanz ruuuuuhig!" Die durch die Massage ausgeschütteten Wohlfühlhormone, z. B. das Oxytocin, werden dann nach wenigen Wiederholungen schon nach dem Äußern des Kommandos oder bestenfalls kurzer Berührung der sonst massierten Körperstellen ausgeschüttet – und dem Hund geht es sichtlich besser ...
Und man bedenke: Konditionierung funktioniert auch von Hund zu Mensch! Auch dafür gibt es Beispiele genug.

KENNE ICH NICHT, FINDE ICH TROTZDEM

VORBEREITUNG

FÜR WEN GEEIGNET?

Für alle Mensch-Hund-Teams, bei denen der Hund bereits Dinge namentlich kennt, unterscheiden kann und anzeigen oder apportieren würde.

WAS BENÖTIGT MAN?

Mensch, Hund, mehrere bekannte Dinge und einen Gegenstand, der dem Hund namentlich nicht bekannt ist.

ZEITLICHE BEGRENZUNG?

Keine

WIE WIRD'S GEMACHT?

Dem Hund werden zur Einstimmung Dinge offeriert, die ihm bekannt sind und die er anzeigen oder apportieren darf, z. B. „Bring den Teddy!", wenn er den Teddy kennt, dann „Bring das Tau!", wenn er auch das Tau kennt. Bleiben wir bei diesen Dingen zum Verdeutlichen des Aufbaus.
Nachdem wir einzeln die bekannten Dinge abgefragt haben, legen wir sie nebeneinander auf den Boden und schicken den Hund entweder zum Holen des einen oder des anderen. Wenn das gut klappt, könnten wir auch ein drittes, viertes, x-tes bekanntes (!) Objekt da-

Wer den Ball kennt …

... kann ihn von der Röhre unterscheiden.

zulegen, je nach Kenntnisstand des Hundes. Statt alles geordnet nebeneinanderzulegen, kann man auch einen Haufen bilden, sodass der Hund noch gezielter heraussuchen muss, was abgefragt wurde.
Nun kommt zu den bekannten Gegenständen etwas Neues, bislang von Aussehen und Namen her völlig Unbekanntes dazu, sagen wir in unserem Fall ein Dino! Der Hund bekommt den Auftrag, den Dino (den er noch nicht kennt!) zu holen. Was wird er tun?

WAS KANN MAN BEOBACHTEN?

Auch hier geht es wieder um den Prozess des „fast mapping", der schnellen Verknüpfung. Wir haben diese Methode des Erlernens unbekannter Begriffe, Objekte oder Handlungen bereits beim „Stift" (S. 43) erläutert. Letztlich ist dieser Vorgang vergleichbar mit der Lernmethode, mit der auch unsere Kleinkinder neue Wörter lernen können.

BEDEUTUNG FÜR DEN MENSCH-HUND-ALLTAG

Mit dieser Methode können wir unsere Hunde vielfach im Alltag bei sinnvollen Beschäftigungen, z. B. beim Aufräumen, helfen lassen. Aber auch verlorene Gegenstände zu suchen oder Objektdifferenzierung, z. B. in einem sogenannten Trümmerfeld (denken Sie an unaufgeräumte Kinderzimmer!), können hierdurch geübt werden. Gerade zur Vermeidung oder Verlangsamung altersbedingter Gehirneinschränkungen sind solche Aktivitäten besonders geeignet, weil sie das Gehirn zur Kooperation von unterschiedlichen Hirnregionen animieren.

ERWARTUNG UND REALITÄT

VORBEREITUNG

FÜR WEN GEEIGNET?

Für alle Mensch-Hund-Teams

WAS BENÖTIGT MAN?

Mensch, Hund, ein für den Hund sehr begehrliches Objekt A (Lieblingsspielzeug, Futterbeutel o. Ä.), ein weiteres, nicht ganz so begehrtes Objekt B, evtl. eine Hilfsperson.

ZEITLICHE BEGRENZUNG?

Keine

WIE WIRD'S GEMACHT?

Variante 1 Die Hilfsperson zeigt dem Hund das Objekt A, zieht es an einer Schnur über den Boden, sodass eine Geruchsspur gebildet wird, bis zu einem Ort außer Sichtweite des Hundes. Dort wird aber Objekt B abgelegt! Dann wird der Hund zum Suchen geschickt. Wie verhält er sich, wenn er statt des gesuchten Objektes A das Objekt B findet?

Variante 2 Der Hundehalter oder alternativ die Hilfsperson geht mit Objekt A hinter eine Wand, legt dort aber Objekt B ab und steckt Objekt A nicht sichtbar in die Tasche. Dann wird der Hund zum Suchen geschickt. Wie verhält er sich, wenn er statt des gesuchten Objektes A das Objekt B findet?

WAS KANN MAN BEOBACHTEN?

Juliane Bräuer und Julia Belger haben einen solchen Versuchsaufbau (Erwartungsverletzungsparadigma) mit „normalen" Familienhunden und mit ausgebildeten Polizei- und Rettungshunden durchgeführt. Dabei stellten sie fest, dass alle Hunde in ihrem Suchverhalten sich flexibel und individuell

01

02

01 Romeo sieht, wie Nicole sein geliebtes Spielzeug entführt!

02 Nicole versteckt das Spielzeug augenscheinlich auf einem Holzstapel.

03 Als er freigelassen wird, sucht er dieses, findet aber nur alternativ ein Spieltau, obwohl der Geruch seines Spielzeugs genau bis hierher führte.

04 Ungläubig sucht er danach und schaut auch verwundert bis vorwurfsvoll zu Nicole zurück.

03

04

verhielten, die ausgebildeten Hunde aber effektiver arbeiteten. Sie erlebten aber auch eine Art Verwunderung oder Überraschung bei den Hunden, wenn diese etwas anderes vorfanden, als das, was die Geruchsspur verhieß. Sie folgern daraus, dass Hunde eine genaue Vorstellung von dem haben, was sie riechen!

WAS ZUR VERWUNDERUNG FÜHREN KANN

Erwartungen können auf vielfache Art und Weise verletzt werden, das kennen wir Menschen auch. Wer einen vorwurfsvollen Blick seines Hundes ernten möchte, kann auch einmal das versuchen: Der Hund befindet sich nicht im Raum (sodass er nichts sieht), kann aber Geschehnisse hören. Mit deutlichem und dem Hund bekannten Klackern füllt man Trockenfutterstückchen in eine Futterschüssel. Kommt der Hund erwartungsvoll eiligst um die Ecke gesaust, stellt man ihm eine identische Futterschüssel hin, in der aber nur ein Bröckchen trockenes Toastbrot oder eine Scheibe Gurke oder sonst etwas wenig Spektakuläres und vor allem nicht zum vorangegangenen Geräusch Passendes liegt. Fassungslosigkeit, Erstaunen und Vorwurf wechseln sich in den meisten Hundeblicken ab ... Solche „Scherze“ sollte man aber lieber nicht zu oft machen, denn Hunde mögen ebenso wenig veralbert werden wie wir!

VERSCHWINDIBUS

VORBEREITUNG

FÜR WEN GEEIGNET?

Für alle Mensch-Hund-Teams gleichermaßen geeignet.

WAS BENÖTIGT MAN?

Mensch, Hund, evtl. Hilfsperson, ein Töpfchen, ein Spielzeug, welches in das Töpfchen passt, oder Futter, zwei kleine Stellwände (DIN-A 3-Größe ist ausreichend).

ZEITLICHE BEGRENZUNG?

Keine

WIE WIRD'S GEMACHT?

Variante 1 Der Besitzer hält seinen Hund sanft fest. Die Hilfsperson zeigt dem Hund Futter oder Spielzeug, das sie für den Hund gut sichtbar in das Töpfchen legt. Dann geht sie hinter eine der kleinen Stellwände und legt den Töpfcheninhalt dort ab. Nun zeigt sie dem Hund den leeren Topf und geht zur Seite. Der Hund wird losgelassen. Wo geht er hin?

Variante 2 Der Besitzer hält seinen Hund sanft fest. Die Hilfsperson zeigt dem Hund Futter oder Spielzeug, das sie für den Hund gut sichtbar in das Töpfchen legt. Dann stellt sie sich neben eine der kleinen Stellwände und nimmt den Topfinhalt für den Hund gut sichtbar aus dem Töpfchen heraus und steckt ihn sich in die Tasche. Das leere Töpfchen stellt sie hinter eine der Sichtwände. Dann geht sie zur Seite. Der Hund wird losgelassen. Wo geht er hin?

Cooper sieht den Futterbeutel in der Hand.

Doch dann sind beide Hände leer!

Cooper vermutet richtig und findet ihn hinter der Wand.

Cooper sieht den Futterbeutel im Körbchen.

Das Körbchen wird hinter die Wand gestellt …

… und der Futterbeutel in die Tasche gesteckt.

Cooper schaut hinter die Wand …

… und findet ein leeres Körbchen.

Hinter der Wand wird etwas versteckt.

Doch der Futterbeutel wird sichtbar abgelegt.

Natürlich geht es zum Futterbeutel.

Variante 3 Der Besitzer hält seinen Hund sanft fest. Die Hilfsperson zeigt dem Hund Futter oder Spielzeug, das sie für den Hund gut sichtbar in das Töpfchen legt. Dann nimmt sie den Topfinhalt für den Hund gut sichtbar wieder heraus und legt ihn seitlich auf einen Tisch oder Schrank. Das leere Töpfchen stellt sie hinter eine der Sichtwände. Dann geht sie zur Seite. Der Hund wird losgelassen. Wo geht er hin?

Variante 4 Der Besitzer hält seinen Hund sanft fest. Die Hilfsperson zeigt dem Hund Futter oder Spielzeug, das sie für den Hund gut sichtbar in der Hand hat. Dann geht sie hinter eine der kleinen Stellwände und legt Futter oder Spielzeug in ein dort für den Hund nicht sichtbar stehendes Töpfchen ab. Nun zeigt sie dem Hund die leeren Hände und geht zur Seite. Der Hund wird losgelassen. Wo geht er hin?

WAS KANN MAN BEOBACHTEN?

Dieser Versuchsaufbau wird von Ádám Miklósi in seinem Buch „Dog" (S. 211 f.) ausführlich beschrieben. Die meisten Hunde sind fähig, konkrete Rückschlüsse zu ziehen und visuelle Informationen zu verarbeiten. Miklósi spricht hierbei von „sichtbarer Verlagerung" und „Objektpermanenz".
Die sichtbare Verlagerung, das heißt, der Hund sieht, wie das Objekt der Begierde wieder verschoben wird, schaffen nahezu alle Hunde. Es gibt aber auch die erschwerte Bedingung der „unsichtbaren Verlagerung". Dabei wird der ganze Behälter, in dem sich das Objekt der Begierde befindet, verschoben. Auch das verstehen die meisten Hunde, und zwar auch über bemerkenswert lange Zeiträume. Hundewelpen bzw. Junghunde, die man getestet hat, können es offenbar sogar schon.
Kleine Kinder können das übrigens alles erst im Alter von 12 bis 15 Monaten, davor gibt es bei solchen Aufgaben nur großes Rabääähhh!
Von der Objektpermanenz unterschieden werden muss die Objektkonstanz. Hier verändert der Mensch – vom Hund unbemerkt! – die Farbe oder Form des Gegenstandes. Hunde gucken dann deutlich länger auf dieses Objekt. Sie haben offenbar eine Erwartung gehabt, was sie finden sollten, und diese wurde nicht erfüllt.

Aufpassen

Beobachten

Warten

Denken und Kombinieren

Suchen und Finden

Wichtig (und dies gilt analog übrigens teilweise auch bei Kleinkindern) ist eine soziale Komponente: Läuft der Mensch nicht sofort nach dem Verschieben des Objektes von der nun beköderten Stellwand zum Hund zurück, sondern macht noch einen Umweg über diverse andere mögliche Versteckorte, dann suchen viele Hunde eher dort, wo der Mensch zuletzt gewesen ist. Die Regel „Suche dort, wo der Mensch war" kann also die Objektpermanenz überstimmen. Deshalb werden wissenschaftliche Versuche zu diesem Thema heute oft mit fernbedienten Versuchsapparaturen durchgeführt, ohne dass eine menschliche Gegenwart nötig wäre. Dann schaffen Hunde es besser.

BEDEUTUNG FÜR DEN ALLTAG

Eine „sichtbare Verlagerung" erfolgt z. B. bei der Verlorensuche. Gerade noch in der Hand des Menschen (Schlüssel, Handschuh, Packung Taschentücher o. Ä.), dann plötzlich weg! Der Hund ist nun in der Lage, mittels z. B. „Such verloren" den Gegenstand zu suchen, obwohl er keinen ausdrücklichen, bestimmten Gegenstand, den es zu finden gilt, benannt bekommt. Die Objektpermanenz ist eine wesentliche Voraussetzung für die Jagdstrategien von Beutegreifern. Auch Katzen können das. Und David Mech beschreibt Beobachtungen von jagenden Wolfsrudeln, die offenbar auch die Erwartung hatten, eine Beutetierherde dort wieder anzutreffen, wo sie vorher gewesen ist. Vor allem aber zeigt eben gerade diese Fähigkeit einmal mehr die Kompetenz von Hunden zum Vorratslernen, auch ohne sofortige Belohnung und Bestätigung. Gerade für Assistenz- und Rettungsarbeit, aber auch im Diensthundebereich sind diese Fähigkeiten sehr hilfreich!

GRUSELSTUNDE: DIE GESPENSTER

VORBEREITUNG

FÜR WEN GEEIGNET?

Nur für psychisch weitestgehend stabile, mind. 9 Monate alte Hunde, die in guter Bindungsbeziehung zu und mit ihrem Menschen leben. Auch sollte der teilnehmende Hund anstehende Probleme nicht gern mit aggressivem Verhalten lösen! Dieser Aufbau kann (!) sehr stark beeindrucken!

WAS BENÖTIGT MAN?

Neben dem Hundehalter mindestens drei weitere Personen, einen Raum oder einen eingezäunten, nicht zu großen (etwa analog zur Größe eines Zimmers) Bereich. Kopfkissenbezüge oder Papiertüten in der Anzahl der teilnehmenden Menschen, den Hund.

ZEITLICHE BEGRENZUNG?

Bei unseren Durchgängen in Seminaren und Workshops lassen wir eine zeitliche Spanne von 2 Minuten ab Positionseinnahme des Menschen. Bei zu starker Belastung des Hundes ist unbedingt (!) früher bzw. sofort abzubrechen.

WIE WIRD'S GEMACHT?

Der Hundehalter und zwei (oder mehr) Fremdpersonen (Personen, die der Hund zwar kennen kann, die aber keine größere soziale Bedeutung für ihn haben sollten – also bitte auch keine Familienmitglieder oder sonstigen mit im Haushalt lebenden Personen) kauern sich mit etwas Abstand zueinander U-förmig

Dieser Malinois reagiert verunsichert auf die Gespenster und zeigt körpersprachlich eine Mischmotivation aus Annäherung und Rückzug.

Sind Hunde stark beeindruckt, werden davon auch ihre anderen Sinne beeinflusst.

gegenüber der Tür und ziehen sich den Bezug oder die Papiertüte über den Kopf. Erst, wenn alle Menschen ihre Position innehaben, öffnet die Hilfsperson die Tür und lässt den Hund in den Raum. Die Menschen verharren still und reglos. Findet der Hund seinen Besitzer? Und wenn ja, was macht er dann?

WAS KANN MAN BEOBACHTEN?

Zuerst mag man denken, dass diese Aufgabe doch wirklich nicht schwierig ist, da der Hund sich ja nicht nur optisch, sondern als Nasentier vor allem auch olfaktorisch, also geruchlich, orientiert. Die Hunde, die sich mehr oder weniger vorsichtig annähern und die Gespenster erforschen, um dann ihren Besitzer zu entdecken, zeigen häufig auch das gleiche Anschlussverhalten: Die Verhüllung des Kopfes muss weg! Entweder versucht der Hundekopf, sich mit in den Bezug zu schieben und dem Besitzer wieder ins Gesicht schauen zu können, oder er versucht aktiv, die Papiertüte nach oben zu schieben und das Gesicht freizulegen. Sicherlich ein Indiz dafür, dass Augen und Mundpartie wichtige Orientierungsmarken für den Hund sind, was wir z. B. bei den Ausführungen zu Mimik und Blickkontakt bereits angemerkt haben. Was bei diesem Aufbau aber häufig zu beobachten ist, ist die Tatsache, dass Hunde, die von den „Gespenstern" stark beeindruckt sind, eben nicht einfach über Geruchsidentifikation ihren Besitzer ermitteln (können). Der Grund dafür dürfte darin liegen, dass die Nase ein Hochleistungswerkzeug ist, bei welchem der Hund für den besonderen Einsatz zusätzlich den „Turbo" einschalten kann. Dieses braucht aber Energie und logistische Kapazität im Gehirn, wenn man es mal so salopp ausdrücken möchte. Diese Kapazität hat das Gehirn in Stresssituationen aber nicht in größerer Menge zur Verfügung, sodass Reiz verarbeiten, Stress regulieren, Situation

Die Nasenleistung beim Mantrailing (Foto) oder auch Fährtentraining verbraucht sehr viel Energie.

bewältigen und dann noch gezielt schnüffeln etwas viel auf einmal sein können.
Wie wichtig die Optik für Hunde ist, gar für ihre wilden Vorfahren war, zeigt ja auch deren intensive Mimik. Es ist eben einfacher, auf kurze Distanz schnell und feinfühlig z. B. Stimmungsschwankungen in einer Kombination aus Gesichtsausdruck, Körperhaltung und Lautgebung zu übermitteln als durch Gerüche.

SCHNÜFFELN BRAUCHT ENERGIE

Bei intensiver Schnüffelarbeit kann ein Hund ca. 300-mal pro Minute Luft ein- und ausbringen. Versuchen Sie einmal selber, so schnell zu schnüffeln wie ein Hund! Die meisten Menschen schaffen mühsam gerade 80–120 Atemzüge pro Minute! Darum übrigens müssen Personenspürhunde bei intensiver Suche meist nach 20 Minuten ausgewechselt werden und brauchen einige Tage Erholung nach dem Einsatz.

BEDEUTUNGEN FÜR DEN ALLTAG

Die hauptsächliche „Lehre“, die man aus diesem Aufbau und den sich daraus begründenden Kausalitäten ziehen kann, ist die Tatsache, dass das hundliche Gehirn in Stresssituationen extrem beansprucht bis „ausgebucht“ ist. Daher fallen Wahrnehmung und erst recht angestrebtes Lernen in solchen Situationen schwer bis gänzlich flach. Wer mit seinem Hund etwas üben möchte, wer ihm neue Dinge beibringen will oder die Regeln des Alltags zu vermitteln gedenkt, der muss auf eine – zumindest relativ – entspannte Grundstimmung des Hundes achten. Ein gutes Negativbeispiel geben häufig völlig überforderte Tierschutzhunde, die zum Kennenlernen und zur Gewöhnung mit Situationen konfrontiert werden, denen sie überhaupt nicht gewachsen sind. Hier kann dann kein Lernen und erst recht keine Orientierung am Menschen mehr erfolgen, alle Kapazitäten zur Reizverarbeitung sind ausgeschöpft oder sogar bereits völlig außer Kraft gesetzt.

Zum ersten Mal hat diese für Laien zunächst erstaunliche Erscheinung übrigens in den 1930er-Jahren der später berühmte Fernsehprofessor Grzimek veröffentlicht: Er ließ die Mitglieder einer ganzen Polizeihundestaffel in der Badehose antreten und die Hunde sollten von hinten ihr Herrchen finden. Es klappte nur bei denen, die mit ihrem Menschen privat schon mal schwimmen waren …

Alte Hunde haben übrigens deutlich mehr Mühe, diese Aufgabe zu meistern. Selbst wenn ihr Mensch und die Ablenkgespenster normal hin- und herlaufen, ist die Kombination aus Gangbild und vertrauter Kleidung für die alten Hunde als Hinweis viel weniger nutzbar als für Hunde, die in der Blüte ihres Lebens stehen!

Älteren Hunden fällt das Lernen schwerer.

FREMDE SITUATION (STRANGE SITUATION TEST)

Bereits zu Beginn wurde darauf hingewiesen, dass in der Psychologie und der Pädagogik der „Fremde Situation"-Test von Mary Ainsworth (1913 – 1999) ein bekanntes Verfahren ist, um die Bindungsqualität zwischen Mutter und Kind offenzulegen. Mary Ainsworth und ihr Kollege John Bowlby untersuchten Mutter-Kind-Interaktionen unter natürlichen Bedingungen, z. B. bei Besuchen im häuslichen Umfeld.

Für ihren „Fremde Situation"-Test richteten sie einen Raum her, der dem Wartezimmer eines Kinderarztes mit Stühlen und Spielecke nachempfunden war. Hier gab es standardisierte Abfolgen, bei denen sich die Mutter und das Kind bestimmte Zeitintervalle gemeinsam, dann gemeinsam in Anwesenheit eines Fremden, dann das Kind allein in Abwesenheit der Mutter, aber Anwesenheit des Fremden, dann wieder gemeinsam mit der Mutter und dem Fremden bzw. später wieder ohne den Fremden in dem Raum befanden. Beobachtet wurde das Verhalten des Kindes. Ainsworth und Bowlby stellten verschiedene Formen von Bindungsverhalten fest und kategorisierten die Bindungstypen wie folgt:

— Bei sicher gebundenen Individuen war ein ausgewogenes Verhältnis zwischen dem Bestreben und Suchen nach Nähe und dem Interesse an der Umgebungserkundung vorhanden. Die Mütter bildeten hierbei zu jeder Zeit den „sicheren Hafen", in welchen die Kinder bei Verunsicherung zurückkamen. Eine Trennung führte zu Trauer und Verlustreaktionen mit Verunsicherung.

— Bei vermeidender Bindung überwog das Interesse an der Umwelt und deren Erkundung, Nähe wurde kaum gesucht, Blick- und Körperkontakt vermieden. Eine Trennung von der Mutter stellte kaum eine Belastung dar.

— Ambivalente Bindung äußerte sich in engster Kontaktsuche zur Mutter, kaum Interesse an der Umwelt und Wutreaktionen bei Trennung.

BINDUNGSTEST BEI HUNDEN

Diese Vorlage zum Untersuchen von Bindungsverhalten griff die Forschungsgruppe um Dr. Ádám Miklósi von der Eötvös-Loránd-Universität in Budapest Ende 1990 auf. Sie modifizierte die einzelnen Abschnitte und untersuchte damit analog das Bindungsverhalten von Hunden! Obwohl die Auswertung eines solchen Tests und die daraus folgenden Rückschlüsse – speziell im Rahmen von Hundeschulen und Tierheimen! –

Sicher gebundene Hunde suchen Nähe zu ihrem Menschen und lassen sich auch auf ein Zerrspiel ein.

in kompetente Hände gehören, ist es trotzdem nicht uninteressant, diesen Test auch einmal mit dem eigenen Familienhund durchzuspielen, sofern man einen dem Hund fremden Raum und eine unbekannte Hilfsperson zur Verfügung hat und das Geschehen filmen kann. Natürlich sollte der Hund keine grundsätzlichen Probleme mit fremden Menschen und/oder mit dem Alleinsein haben und mindestens im etwas vorangeschrittenen Junghundalter sein! Sobald eine übermäßige Belastung des Hundes festgestellt wird, muss der Test sofort abgebrochen werden! Wer sich nicht sicher ist, ob er eine Belastung seines Hundes in diesem Zusammenhang überhaupt feststellen würde, der lässt die Durchführung von vornherein besser sein. Auch das Durchlesen allein und das Vorstellen im Kopf sind schon interessant genug!

In Anwesenheit des eigenen Menschen genießt Cely den Kontakt zur Fremdperson.

WIE WIRD'S GEMACHT?

Miklósis Aufbau besteht aus sieben Teilen, jeder Teil dauert zwei Minuten an. Der Hundebesitzer (vorausgesetzt, dies ist die hauptsächliche Bezugsperson des Hundes!) und der Hund gehen in einen unbekannten Raum, in welchem zwei Stühle in jeweils einer Ecke stehen.

1. Der Hund darf den Raum für 90 Sekunden selbstständig erkunden, in dieser Zeit verhält sich der Besitzer völlig inaktiv und sitzt auf einem Stuhl. Nach Ablauf der Zeit initiiert der Besitzer dann ein Spiel mit dem Hund → Gesamtdauer 2 Minuten.
2. Nun betritt ein fremder Mensch den Raum und setzt sich kommentarlos in eine Ecke. Nach 30 Sekunden beginnt der Fremde ein freundliches Gespräch mit dem Hundebesitzer. Nach einer weiteren Minute versucht der Fremde, den Hund zu einem Spiel zu animieren. Kurz vor Ende der Gesamtzeit von 2 Minuten verlässt der Hundebesitzer den Raum. Er darf aber Mantel oder Hundeleine auf dem Stuhl zurücklassen → Gesamtdauer 2 Minuten.
3. In dieser ersten Trennungsphase wird geschaut, wie der Hund sich verhält. In der ersten Minute bemüht sich der Fremde um Kontakt zum Hund (ohne aufdringlich zu sein!), bietet Spiel und/oder

Die Abwesenheit von Frauchen wird aber sofort registriert, …

… Cely zeigt Bindungsverhalten und geht hinterher.

Streicheleinheiten an. In der zweiten Minute verhält sich der Fremde neutral, reagiert aber auf den Hund, wenn dieser kommt → Gesamtdauer 2 Minuten.

4. Dann geht der Hundehalter wieder zurück in den Raum und wartet kurz ab, was der Hund macht. Er widmet sich seinem Hund, begrüßt ihn und kümmert sich um ihn. Der Fremde verlässt unterdessen den Raum. Nach zwei Minuten geht auch der Hundehalter wieder hinaus, sagt seinem Hund aber, dass er bleiben soll, und lässt auch wieder Mantel, Jacke oder Hundeleine auf dem Stuhl zurück → Gesamtdauer 2 Minuten.
5. Der Hund ist nun für 2 Minuten allein im Raum.
6. Die fremde Person (die nun ja nicht mehr ganz fremd ist) betritt wieder den Raum und wartet ab, was der Hund macht. Innerhalb der ersten 60 Sekunden bietet sie ein Spiel an, wenn der Hund es möchte, alternativ kann sie streicheln, wenn der Hund es mag. In der zweiten Minute verhält sich der Fremde wieder inaktiv, geht aber auf Sozialkontakt ein, wenn der Hund diesen bei ihm sucht → Gesamtdauer 2 Minuten.
7. Der Hundehalter geht zurück in den Raum und wartet, wie der Hund auf die Rückkehr reagiert. Dann widmet er sich seinem Hund innig und ausgiebig, während der fremde Mensch wieder den Raum verlässt → Gesamtdauer 2 Minuten.

WER GEHÖRT ZU WEM?

VORBEREITUNG

FÜR WEN GEEIGNET?

Für alle Mensch-Hund-Teams gleichermaßen geeignet, allerdings sollte der Hund mindestens 6 Monate alt und sozial-freundlich sein.

WAS BENÖTIGT MAN?

Mensch, Hund, mehrere Hilfspersonen, ein Spielzeug (Ball, Teddy o. Ä.)

ZEITLICHE BEGRENZUNG?

Keine

WIE WIRD'S GEMACHT?

VARIANTE 1

Die Hilfspersonen geben sich einer ausgelassenen Spielsituation hin. Sie lachen, hopsen, laufen, werfen sich den Ball oder anderes zu, haben Spaß. Der Hund wird von ihnen eingeladen, sich am fröhlichen Treiben zu beteiligen und darf mitmachen. Der zum Hund gehörige Mensch steht dabei und schaut zu. Dann dreht er sich um und geht in entgegengesetzter Richtung kommentarlos davon. Bekommt der Hund das Davongehen seines Menschen mit? Und wenn ja, wie reagiert er?

VARIANTE 2

Die Hilfspersonen geben sich einer ausgelassenen Spielsituation hin. Sie lachen, hopsen, laufen, werfen sich den Ball oder anderes zu, haben Spaß. Der Hund geht mit seinem Menschen geradlinig auf die Spieler zu. Während der Hund durchaus zu den Spielern hinlaufen darf (in dieser Situation sei es gestattet, um die Folgereaktionen des Hundes erleben zu können), geht der Mensch kommentarlos an den Spielern vorbei und weiter davon. Bekommt der Hund das Davongehen seines Menschen mit? Und wenn ja, wie reagiert er?

WAS KANN MAN BEOBACHTEN?

Dieser kleine Ablauf kann durchaus Aufschluss auf das grundsätzliche Bindungsverhalten des Hundes geben und zählt deshalb mit zu den klassischen Bindungstests. Für den Hund entsteht eine klare Entscheidungssituation, in welcher er sich für oder gegen seinen (vermeintlichen) Bindungspartner entscheidet.
Allerdings muss berücksichtigt werden, dass manche Hunde sich schneller, manche

Cooper möchte bei diesem lustigen Spiel mitmachen.

Er rennt hin und her und will die Beute fangen.

Doch als sein Mensch geht, entscheidet er sich gegen den Spaß und für seinen Sozialpartner.

später, manche auch erst dann, wenn sie ihren Menschen nicht mehr sehen, für das Hinterherlaufen entscheiden. Hier spielen Rasse/Typ und Individualität durchaus mit eine Rolle und ein längeres Zögern ist nicht gleichbedeutend mit fehlender oder gestörter Bindung!
Gerade Hunde des eher bedächtig-bedenkenträgerischen B-Typs, auch als reaktiver Typ oder scheuer Typ bezeichnet, benötigen eben für alles etwas mehr Bedenkzeit zur Entscheidungsfindung. Auch die introvertierten, die ohnehin alles lieber mit sich selbst ausmachen, sind in der Situation nicht so die Turbos. Dann hat das nichts mit Beziehung zu ihrem Menschen zu tun!
Entscheidet der Hund sich aber gegen seinen Menschen und für die ausgelassene Spielsituation, so macht es durchaus Sinn, dass etwas

gründlicher auf das Mensch-Hund-Team im Alltag geschaut wird. Wie steht es um die Attraktivität des Bindungspartners generell, wie individuell und nicht „einfach mal eben“ zu ersetzen ist der Mensch für seinen Hund speziell? Die andernorts schon erwähnte Qualität der Bindung zählt hier auch zu den Einflussfaktoren. Hunde, die eine distanziert/vermeidend-unsichere Bindung zu ihrem Menschen haben, kommen hier auch viel weniger bereitwillig!

ERZIEHUNG VON HUNDEN

In vielen Studien an menschlichen Kindern und ersten Vorarbeiten zur Hundeerziehung zeigt sich immer wieder, dass die als autoritativ bezeichnete Erziehung (nur wenige, aber wichtige Regeln, die auch eingefordert werden, dazu soziale Unterstützung vor allem in Krisensituationen, Wärme und Empathie) viel umweltstabilere und auch umweltverträglichere Individuen erzeugt als das reine Laisser-faire einer sogenannten antiautoritären Erziehung oder auch eine rein auf Druck und autoritärem Gehabe ausgerichtete Gehorsamsausbildung.

BEDEUTUNGEN FÜR DEN ALLTAG

Hunde, die nur ihrer eigenen Interessenlage nachgehen und keinerlei Wertschätzung für ihren Menschen aufzeigen, werden ihren Grund für dieses Verhalten haben. Grundsätzlich sollten sie aber dann nicht einfach frei durch die Gegend laufen dürfen, auch wenn sie „ganz lieb“ sind, eigentlich „immer nur spielen“ wollen und auch „noch nie“ etwas gemacht haben! Hundehalter haben durchaus eine Pflicht zur Rücksichtnahme auf andere Mitmenschen und auch auf deren Hunde. Und diese anderen Menschen sollten selber entscheiden dürfen, ob sie begrüßt wer-

Und zwischendurch einfach mal nur Hund sein dürfen ...

den möchten oder Kontakt zulassen mögen. Niemand hat das Recht, seine Mitmenschen zur Zwangs-Sozialisierung zu missionieren oder gesellschaftliche Kompatibilität vorzuschreiben. Hunde, die das Rückrufsignal nicht sicher befolgen, gehören an die Leine oder in den kontrollierten Freilauf und haben keine anderen Lebewesen zu belästigen.

HALTER VON „FREIGEISTERN"

Es ist aber anzuraten zu entschlüsseln, was suboptimal im Mensch-Hund-Miteinander verläuft. Die Halter solcher „Freigeist-Hunde" sind nicht selten übermotiviert in ihrem Tun und überschütten den Hund mit „Liebe", „Verständnis" und Nachsicht. Und gleichzeitig sind sie meist völlig überfordert mit der ignorierenden Art ihres Fellkumpels ihnen gegenüber („Wir meinen es so gut, aber der ist so undankbar! Wir wissen gar nicht, was wir noch alles machen sollen!"). Er hat doch alles und bekommt, was er will! Der Vierbeiner genießt ein regel- und grenzenloses Dasein im Prinzen- oder Prinzessinnenstil. Werden dann draußen z. B. Situationen einmal „brenzlig", verlieren die Menschen vor lauter Schreck und Sorge um ihren „Schatz" leicht die Nerven und verfallen in Überreaktionen und Hektik. Alles gut gemeint, doch in solchen Fällen nicht gut gemacht und das Beziehungsgefüge belastend – bis aushebelnd.

SERVICE
— *Wissenswertes für Hundehalter*

QUELLEN UND ZUM WEITERLESEN

Dukas, R. (2019): Animal expertise: mechanisms, ecology, and evolution. Anim Behav. 147, 199 – 210.

Gansloßer, U.; Kolkmeyer, C.; Knezevic, K. (2019): Säugetierverhalten. Filander, Fürth.

Gansloßer, U. und Kitchenham, K. (2012): Forschung trifft Hund. Kosmos, Stuttgart.

Gansloßer, U. und Kitchenham, K. (2019): Hundeforschung aktuell. Kosmos, Stuttgart.

Gansloßer, U. und Krivy, P. (2014, 2019): Verhaltensbiologie Hund – Das Praxisbuch. Kosmos, Stuttgart.

Halsband, U.: Gehirn, Intelligenz und soziales Verhalten von Hunden (*Canis lupus familiaris*). LIT Verlag, Berlin, 2014

Horowitz, A. (ed) (2014): Domestic Dog Cognition & Behavior. Springer HD etc.

Kaminski, J. und Bräuer, J. (2011): So klug ist Ihr Hund. Kosmos, Stuttgart.

Kappeler, P. (2012): Verhaltensbiologie. Springer HD etc.

Krivy, P. (2018): Lernen mal anders. Müller Rüschlikon, Stuttgart.

Krivy, P. und Lanzerath, A. (2010): Hunde verstehen. Müller Rüschlikon, Stuttgart.

MacLean, E.; Herrmann, E.; Suchindra, S.; Hare, B. (2017): Individual differences in cooperative communication skills are more similar between dogs & humans than chimpanzees. Anim. Behav. 126, 41 – 51.

Miklósi, Á. (2015): Dog Behaviour, Evolution, and Cognition. Oxford UP.

Miklósi, Á. (Hrsg): Der Hund. Haupt, Bern.

Scandurra, A.; Alterisio, A.; di Cosmo, A.; d'Ambrosio, A.; d'Aniello, B. (2019): Ovariectomy impairs socio-cognitive functions in dogs. Animals 9, 58. doi 10.3390/ani 9020058.

Shettleworth, S.J. (1998): Cognition, Evolution, and Behavior. Oxford UP, NY.

DO-IT-YOURSELF-IDEEN

Schöps, M. & J. (2013): Selbstgemacht. Kynos, Nerdlen.

Sondermann, Ch. (2017): Denksport für Hunde. Ulmer, Stuttgart

Sondermann, Ch. (2017): Einfach schnüffeln! Ulmer, Stuttgart

Sondermann, Ch. (2014): Kauspielspaß für Hunde. Ulmer, Stuttgart.

Und auf: www.spass-mit-hund.de

HOCHWERTIGE SCHNÜFFELPRODUKTE

Knauder's Best GmbH
Mollenbachstr. 33 – 35
71229 Leonberg
www.knaudersbest.com

DANKE

Wie üblich danken wir zunächst uns gegenseitig für die tolle Zusammenarbeit! Und natürlich ebenso ein herzlicher Dank an unsere erstklassige Lektorin Hilke Heinemann. Zudem ist das Schreib- und Rechercheteam von Udo Gansloßer, vor allem Gianna Jann und Franziska Ortmeier, immer eine wesentliche Stütze, ohne deren Arbeit im Hinter- und Untergrund ein Buch niemals fertig werden würde.
Ein großer Dank geht an die fleißigen Fotografen Brigitta, Claudia, Melanie, die zwei Michaelas und Frank, die geduldig jede gestellte Aufgabe zur Visualisierung der Texte in Angriff genommen haben. Und an jeden weiteren Helfer und Unterstützer, der aber jetzt nicht namentlich erwähnt wurde.
Und ein besonders großer Dank geht an die Menschen und deren Hunde aus den Reihen der Hundeschule Tatzen-Treff, die geduldig, mit Spaß und voller Elan die Fototermine mit getragen haben. Danke auch an die vielen interessierten Seminarteilnehmer, die uns immer wieder erstaunen, verblüffen und auf neue Ideen bringen!
Zum Schluss möchten wir vor allem Prof. Ádám Miklósi danken. Ohne ihn und sein Team gäbe es viele dieser Versuche nicht und wir haben uns über sein Vorwort zum vorliegenden Buch sehr gefreut.

320 Seiten, ca. € (D) 25,00

Ein Hundehalter möchte mit seinem Welpen die Welt erkunden, doch der kleine Kerl weigert sich. Warum? Es fehlt nicht an Vertrauen, sondern die in diesem Alter bestehende Ortsbindung wirkt sich aus. Dr. Udo Gansloßer und Petra Krivy betrachten Reaktionen wie diese vor deren biologischem Hintergrund: Warum verhält sich ein Hund so, was bewirken biologische Steuerungen und wo liegen Grenzen der Erziehbarkeit? Zahlreiche Fallbeispiele zeigen, wie man kritische Zeiten überbrückt und welche Trainingsmaßnahmen sinnvoll sind.

REGISTER

BILDNACHWEIS

94 Farbfotos wurden von Frank Kauffeldt (fsbriard@online.de/Kosmos) für dieses Buch aufgenommen.

Weitere Farbfotos von Anna Auerbach/Kosmos (6: S. 37, 63, 82, 84, 85, 95), Eva Boeske (1: S. 92), Melanie Drecker (6: S. 74, 75, 76, 77), Michaela Drecker (2: S. 47, 78), Claudia Hoffmann (6: S. 38, 39), Klauder's Best GmbH (1: S. 107), Alina Klüglich-Hinrichs/Kosmos (1: S. 71), Enikő Kubinyi (1: S. 13), Michaela Liesen (7: S. 66, 67 72, 73), Brigitta Pertschy (3: S. 23, 35), Annika Ridder/Kosmos (1: S. 94), Heike Schmidt-Röger/Kosmos (4: S. 16, 17, 97, 103), Shutterstock (4: S. 9/Sandra Lorenzen_Mueller, 10/Edwin Butter, 11/Andi111,112/Javier Brosch), Sabine Stuewer/Kosmos (1: S. 93), Trio Bildarchiv (8: S. 6/Kerstin Ordelt, 14/Diana Jill Mehner_Hallo Lieblingshund, 19/Ann-Christin Vogler, 20/FOSCOFOTOGRAFIE, 24/Katharina Willerscheidt, 80/Natalie Grosse, 105/Jasmin Hummer, 112/Nicole Schick), Jana Weichelt/Kosmos (1: S. 3).

Mit vier Grafiken von Atelier Krohmer, Dettingen/Erms (Illustration Hund in Grafiken von Shutterstock_ArtHeart).

IMPRESSUM

Umschlaggestaltung von Claudia Adam Graphik-Design, Darmstadt unter Verwendung von zwei Farbfotos von Trio Bildarchiv: Sikorski Fotografie (U1) und Nicole Schick (U4).

Vordere Klappe außen: Trio Bildarchiv/Nicole Schick. Vordere Klappe innen: Anna Auerbach/Kosmos; Icons Shutterstock: 1/Martial Red, 2/Rvector, 3/GoperVector, 4/HN Works, 5/BiksuTong. Hintere Klappe außen: oben: Ulla Bergob, unten: Petra Krivy. Hintere Klappe innen: oben: Trio Bildarchiv/Jasmin Nolden, unten: Trio Bildarchiv/Maren Leuker.

Mit 144 Farbfotos und 9 Grafiken.

Gedruckt auf chlorfrei gebleichtem Papier

ISBN 978-3-440- 15992-7
Redaktion: Hilke Heinemann
Gestaltungskonzept: Peter Schmidt Group GmbH, Hamburg
Gestaltung und Satz: Atelier Krohmer, Dettingen/Erms
Produktion: Nina Renz
Druck und Bindung: Westermann Druck Zwickau GmbH, Zwickau
Printed in Germany / Imprimé en Allemagne